青藏地区生命发现之旅专题丛书

青藏线动植物与生态环境图集

主编 刘 星 刘 虹 刘怡萱

WUHAN UNIVERSITY PRESS
武汉大学出版社

图书在版编目(CIP)数据

青藏线动植物与生态环境图集/刘星,刘虹,刘怡萱主编.—武汉:武汉大学出版社,2023.3
青藏地区生命发现之旅专题丛书
ISBN 978-7-307-23448-2

Ⅰ.青…　Ⅱ.①刘…　②刘…　③刘…　Ⅲ.①野生动物—青海—图集
②野生动物—西藏—图集　③野生植物—青海—图集　④野生植物—西藏—图集　Ⅳ.①Q958.52-64　②Q948.52-64

中国版本图书馆 CIP 数据核字(2022)第 226963 号

责任编辑:路亚妮　　责任校对:邓　瑶　　装帧设计:吴　极

出版发行:**武汉大学出版社**　　(430072　武昌　珞珈山)
(电子邮箱:whu_publish@163.com)
印刷:武汉市金港彩印有限公司
开本:850×1168　1/16　印张:11.75　字数:300 千字　插页:2
版次:2023 年 3 月第 1 版　　2023 年 3 月第 1 次印刷
ISBN 978-7-307-23448-2　　定价:268.00 元

青藏地区生命发现之旅专题丛书

建 设 单 位

（排名不分先后）

中南民族大学

西藏大学

中央民族大学

西南民族大学

西北民族大学

武汉大学

重庆大学

华中科技大学

北京联合大学

北京林业大学

塔里木大学

江汉大学

台州学院

北方民族大学

青藏地区生命发现之旅专题丛书

支持单位

（排名不分先后）

西藏自治区林业和草原局

农业农村部食物与营养发展研究所

国家林业和草原局中南调查规划设计院

国家新闻出版署出版融合发展（武汉）重点实验室

甘肃华羚乳品集团中国牦牛乳研究所

西藏自治区科技信息研究所

中国科学院武汉植物园

北京中科科普促进中心

湖北探路者车友会

湖北省水果湖第二中学

中国科学院动物研究所

青藏地区生命发现之旅专题丛书项目资助

中南民族大学生物技术国家民委综合重点实验室建设专项

中南民族大学生物学博士点建设专项

中南民族大学中央科研业务费民族地区特色植物资源调查与综合利用专项

西藏大学生态学一流建设专项

序

　　提起青藏高原，首先让人想到的就是耳熟能详的"世界屋脊""第三极"的称呼。未去过的人，神往那里的蓝天白云、雪山圣湖、美丽的高原以及神奇的传说；去过的人，在感叹大自然的神奇与严酷的同时，回味那一段难忘的经历与考验，惊叹在生命禁区中诞生的灿烂的民族文化。

　　随着"一带一路"倡议的提出，青藏地区作为历史上"南方丝绸之路""唐蕃古道""茶马古道"的重要组成部分以及中国与南亚诸国交往的重要门户，面临着前所未有的发展机遇，其作为南亚贸易陆路大通道，已成为"一带一路"重要组成部分。新时代的青藏地区正焕发着前所未有的魅力。正是在一代又一代建设者的努力下，青藏地区交通设施日趋完善，去青藏高原不再是大多数人不可触及的梦，越来越多的人或乘飞机，或坐火车，或自驾，从四面八方奔向青藏高原，宛若当年荒漠中丝绸之路繁荣的再现，只不过那是大漠的传说，这是荒原的传奇。编者们自2011年从滇藏线进藏伊始，历经近7年，于2018年8月终于完成了对所有进藏路线的考察。其间，恰逢第二次青藏高原综合科学考察研究启动，在这7年里，科考团队深刻地感受到国家政策扶持与社会经济的发展给青藏高原带来的巨大变化。一路走来，高山反应很可怕，这更让人敬佩在这种严酷环境下建设者们和科学工作者们坚守岗位、献身科学的精神，让人感受到他们的可亲与可敬。

　　编写这套丛书的目的在于，考察和介绍进入青藏高原主要交通线沿途的野生动植物和生态环境，让读者了解不一样的大自然，感受生命的魅力，从而传递生命之美。在一定程度上，青藏高原的魅力，正是在于"生命禁区"这一严酷的称呼。在生物学家眼里，这里是野生动植物的天堂。人类因资源而生，社会因资源而兴。千百年旷寂的高原因丰富的动植物资源变得生动而鲜活，文化因独具特色的资源变得鲜明而有特点。出版此套丛书，是希望人们的进藏之旅不仅仅是体验之旅、探险之旅、探索之旅，更是一次文化之旅和生态之旅。习近平总书记在哈萨克斯坦纳扎尔巴耶夫大学发表演讲并回答学生们的问题，在谈到环境保护问题时，他指出："我们既要绿水青山，也要金山银山。宁要绿水青山，不要金山银山，而且绿水青山就是金山银山。"（《习近平总书记系列重要讲话读本》）同时习近平总书记也强调，"保护好青藏高原生态就是对中华民族生存和发展的最大贡献"，保护好"世界上最后一方净土"，保护好"雪域高原的一草一木、山山水水"。（中国西藏新闻网《坚定不移建设美丽西藏 守护好"世界上最后一方净土"》）希望大家在感受大自然神奇的同时，了解青藏，爱护青藏。

　　特为序。

编　者
2019年3月

前　言

　　在中国，有一条公路被誉为"天路"，那里海拔极高，仿佛可以与天相接，那就是青藏公路。青藏公路东起青海省西宁市，西至西藏自治区拉萨市，依次翻越昆仑山（海拔4768米）、风火山（海拔4800米）、唐古拉山（山口海拔5231米）和念青唐古拉山（山口海拔5190米）四座大山；跨过通天河、沱沱河、楚玛尔河三条大河；穿过藏北羌塘草原，路过苍凉的格尔木戈壁滩，穿越可可西里的荒漠无人区。青藏公路平均海拔在4500米以上，是目前世界上海拔最高、线路最长的柏油公路。

　　68年前，进藏之路如难以跨越的天堑，是11万藏汉军民克服高寒缺氧、雪崩滑坡等艰难险阻，在极其艰苦的条件下，仅仅依靠双手抡镐凿石，挥汗如雨，筑路养路，在平均海拔4000多米的世界屋脊，在荒无人烟的"生命禁区"，用自己的青春和汗水筑起了西藏的"生命线"，创造了人类历史上的奇迹。今天，青藏公路作为进藏路况最佳且最安全的公路，将西藏与祖国大家庭紧密联系在一起。回顾大半个世纪的沧海桑田，青藏公路就如同吉祥的"哈达"一般飘在高原大地上。如今，青藏公路承担着西藏85%以上的进藏物资和90%以上的出藏物资的运输任务，在西藏的经济发展和社会稳定中发挥着重要的作用。

　　青藏线沿途的风景让人流连忘返。穿行在青藏线上，你会看到波光粼粼且极具气势的青海湖，倒影与实物难以分辨的茶卡盐湖。在白云下，有与念青唐古拉山相偎相依的纳木措，高耸入云且巍然屹立的唐古拉山，苍茫遒劲的昆仑山；还有飘扬的五彩经幡下，恢宏大气的索南达杰烈士纪念碑。除此以外，你也会与青藏铁路相伴而行，听到飞驰而过的火车的呼啸声，同时，你还能够感受到高原游牧文明。青藏公路是一条连通高原与内地的脐带，它荒凉、磅礴，但却处处透出生命的顽强与生机。

　　通过考察青藏公路沿线野生动植物与生态环境，我们看到了一座野生动植物的天堂。在这里，戈壁荒漠与草原共存；在这里，气候干燥寒冷，环境险恶，也正因为如

此，它成了野生动物的乐园，是藏羚羊的故乡；在这里，湛蓝的天空好似水洗过一样，干净、明亮，雪白的云朵慢悠悠地移动，仿佛触手可及。阳光从白云间穿过，在草原上洒下斑驳的影子。蓝天白云下，成群结队的牛羊在悠闲漫步。草场上不知名的野马，垂着白色的鬃毛安逸地吃着草，漂亮的马尾在风中优雅地摇摆，像极了雍容的夫人。藏羚羊们那一对对细长的头角高高地伸向天空，像战士的长矛，有力、傲然。野驴挺着棕黄色的脊背，从容地展示雪白的肚皮、四肢、脖颈和下颌，仿佛雪域骄子，在山坡上悠然进食。它们是这片圣地的主人，而我们，只是匆匆过客。

青藏地区生命发现之旅专题丛书之《新藏线动植物与生态环境图集》和《滇藏线动植物与生态环境图集》出版后，得到了广大读者的认可与喜爱，同时，读者也对丛书提出了许多宝贵的意见和建议，我们从中得到了莫大的鼓励。因此，我们再接再厉，推出了《青藏线动植物与生态环境图集》，希望本书能够让广大读者真实感受青藏线的魅力。在书中，我们主要介绍了青藏线沿途自然景观、青藏线沿途野生动物种类、青藏线沿途野生植物种类。在每段行程中，我们力求通过第一手的图片和文字，展现出这段行程的动植物和生态环境，让读者能够通过沿途各个县市地区的景观生态，更好地感受这一条"天路"所特有的人文与自然。

感谢读者一直以来的喜爱和支持！你们的支持是我们推出新线路图集的动力。

我们编写青藏地区生命发现之旅专题丛书，旨在展现青藏高原自然与人文的碰撞和交融，让读者近距离感受西藏不一样的美。限于编者知识水平，书中难免有错误、遗漏之处，敬请各位读者批评指正！

编　者

2022年9月

走进青藏线

C 目 录
Contents

青藏高原概述

青藏高原是中国最大、世界海拔最高的高原，被称为"世界屋脊""第三极"，南起喜马拉雅山脉南缘，北至昆仑山、阿尔金山和祁连山北缘，西部为帕米尔高原和喀喇昆仑山脉，东及东北部与秦岭山脉西段和黄土高原相接，介于北纬26°00′～39°47′、东经73°19′～104°47′之间。

青藏高原东西长约2800千米，南北宽300～1500千米，总面积约250万平方千米，地形上可分为藏北高原、藏南谷地、柴达木盆地、祁连山地、青海高原和川藏高山峡谷区6个部分，包括中国西藏全部和青海、新疆、甘肃、四川、云南的部分地区，以及不丹、尼泊尔、印度、巴基斯坦、阿富汗、塔吉克斯坦、吉尔吉斯斯坦的部分或全部地区。

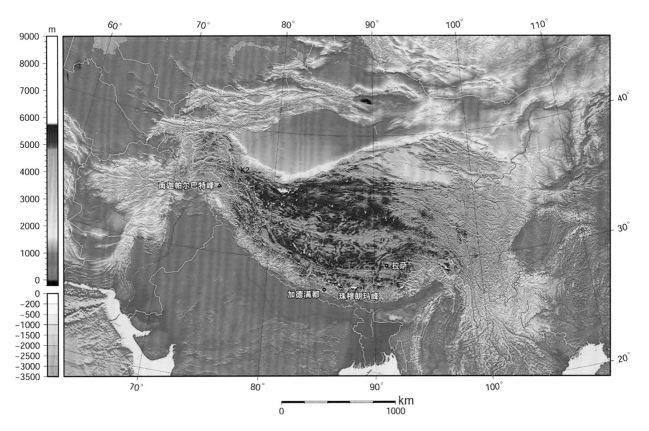

1.气候特征

（1）总体特点

青藏高原气候总体特点：辐射强，日照多，气温低，积温少，气温随高度和纬度的升高而降低，气温日较差大；干湿分明，多夜雨；冬季干冷漫长，大风多；夏季温凉多雨，冰雹多。

青藏高原年平均气温由东南的20℃，向西北递减至﹣6℃以下。由于南部海洋暖湿气流受多重高山阻留，年降水量从南至北相应由2000毫米递减至50毫米以下。喜马拉雅山脉北翼年降水量不足600毫米，而南翼为亚热带及热带北缘山地森林气候，最热月平均气温18～25℃，年降水量1000～4000毫米。而昆仑山中西段南翼属高寒半荒漠和荒漠气候，最暖月平均气温4～6℃，年降水量20～100毫米。青藏高原日照充足，年太阳辐射总量140～180千卡/平方厘米，年日照总时数2500～3200小时。青藏高原和我国其他地区相比，冰雹日数最多，一年一般有15～30天，其中西藏那曲甚至高达53天。

（2）气候分区

青藏高原可分为喜马拉雅山南翼热带山地湿润气候地区、青藏高原南翼亚热带湿润气候地区、藏东南温带湿润高原季风气候地区、雅鲁藏布江中游（即三江河谷、喜马拉雅山南翼部分地区）温带半湿润高原季风气候地区、藏南温带半干旱高原季风气候地区、那曲亚寒带半湿润高原季风气候地区、羌塘亚寒带半干旱高原气候地区、阿里温带干旱高原季风气候地区、阿里亚寒带干旱气候地区、昆仑寒带干旱高原气候地区10个气候区。

（3）产生的影响

青藏高原是北半球气候的启张器和调节器。该地区的气候变化不仅直接引发中国东部和西南部气候的变化，而且对北半球气候有巨大的影响，甚至对全球的气候也有明显的调节作用。

姚檀栋院士在接受中国科学报记者采访时强调，在全球持续变暖条件下，喜马拉雅地区冰川萎缩可能会进一步加剧，而帕米尔地区冰川扩展会进一步出现。冰川变化的潜在影响是，将使大河水源补给不可持续且地质灾害加剧，如冰湖扩张、冰湖溃决、洪涝等，这将影响其下游地区人类的生存环境。姚檀栋院士进一步指出，青藏高原及其周边地区拥有除极地地区之外最多的冰川，这些冰川位于许多著名亚洲河流的源头，并正经历大规模萎缩，这将对该区域大江大河的流量产生巨大影响。

2. 地貌特征

青藏高原密布高山大川，地势险峻多变，地形复杂，其平均海拔远远超过同纬度周边地区。青藏高原各处高山参差不齐，落差极大，海拔4000米以上的地区占青海全省面积的60.93%，占西藏全区面积的86.1%。该地区内有世界第一高峰珠穆朗玛峰，也有海拔仅1503米的金沙江；喜马拉雅山平均海拔在6000米左右，而雅鲁藏布江河谷平原海拔仅3000米。总体来说，青藏高原地势呈西高东低的特点。相对高原边缘区的起伏不平，高原内部反而存在一个起伏度较低的区域。

青藏高原是一个巨大的山脉体系，由山系和高原面组成。由于高原在形成过程中受到重力和外部引力的影响，因此高原面发生了不同程度的变形，使整个高原的地势呈现出由西北向东南倾斜的趋势。高原面的边缘被切割形成青藏高原的低海拔地区，山、谷及河流相间，地形破碎。

青藏高原边缘区存在一个巨大的高山山脉系列，根据走向可分为东西向和南北向。东西向山脉占据了青藏高原大部分地区，是主要的山脉类型（从走向划分）；南北向山脉主要分布在高原的东南部及横断山区附近。这两组山脉组成地貌骨架，控制着高原地貌的基本格局。东北向山脉平均海拔普遍偏高，除祁连山山顶海拔为4500～5500米之外，昆仑山、喀喇昆仑山等山顶海拔均在6000米以上。许多次一级的山脉也间杂其中。两组山脉之间有平行峡谷地貌，还分布有大量的宽谷、盆地和湖泊。

青藏高原分布着世界中低纬度地区面积最大、范围最广的多年冻土区，占中国冻土面积的70%。其中青南（青海南部）—藏北（西藏北部）冻土区又是整个高原分布范围最为广泛的，约占青藏高原冻土区总面积的57.1%。除多年冻土之外，青藏高原在海拔较低区域内还分布有季节性冻土，即冻土随季节的变化而变化，冻结、融化交替出现，呈现出一系列冻融地貌类型。另外，青藏高原也广泛分布着冰川。

川藏线	青藏线
新藏线	滇藏线

3. 动物资源

在低等动物方面，仅西藏就有水生原生动物458种，轮虫208种，甲壳动物的鳃足类59种，昆虫20目173科1160属2340种。

据不完全统计，生长在青藏高原的动物中，陆栖脊椎动物有1047种，其中特有种有106种。在这些陆栖脊椎动物中，哺乳纲有28科206种，占全国总种数的41.3%；爬行纲有8科83种，占全国总种数的22.1%；鸟纲有63科678种，占全国总种数的54.5%；两栖纲有9科80种，占全国总种数的28.7%。在已列出的中国濒危及受威胁的1009种高等动物中，青藏高原有170种以上，已知高原上濒危及受威胁的陆栖脊椎动物有95种（中国现列出301种）。

藏羚羊 | 藏野驴
黑颈鹤 | 盘羊

4. 植物资源

    青藏高原有维管束植物1500属12000种以上，占中国维管束植物总属数的50%以上，占总种数的34.3%。

    青藏高原区的植物种类十分丰富，据粗略估计种子植物约10000种，即使把喜马拉雅山南翼地区除外也有8000种之多。但是高原内部的生态条件悬殊，植物种类数量的区域变化也十分显著。如高原东南部的横断山区，自山麓河谷至高山顶部具有从山地亚热带至高山寒冻风化带的各种类型的植被，是世界上高山植物区系植物种类最丰富的区域，植物种类在5000种以上。而在高原腹地，植物种类急剧减少，如羌塘高原具有的种子植物不及400种，再进到高原西北的昆仑山区，生态条件更加严酷，植物种类也只有百余种。可见，整个高原地区植物种类分布特点是东南多、西北少，沿东南向西北呈现出明显递减的变化趋势。

多刺绿绒蒿	唐古特虎耳草
西藏风毛菊	长鞭红景天

五条主要进藏公路简介

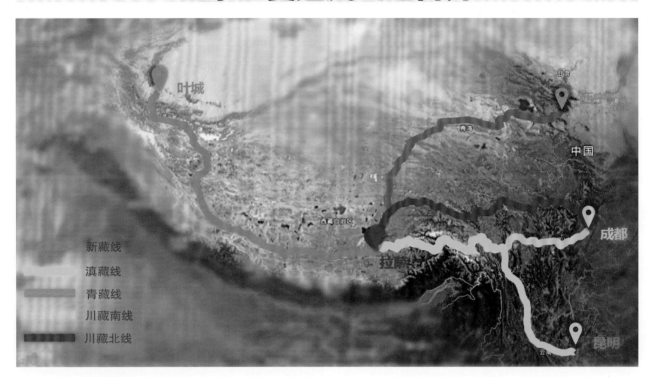

新藏线
滇藏线
青藏线
川藏南线
川藏北线

1.川藏南线

（1）概况

　　川藏南线起点是四川省成都市，终点是西藏自治区拉萨市。全程走318国道，其间交会108国道、214国道。

　　川藏南线于1958年正式通车，从雅安起与108国道分道，向西翻越二郎山，沿途越过大渡河、雅砻江、金沙江、澜沧江、怒江上游，经雅江、理塘、巴塘过竹巴笼金沙江大桥入藏，再经芒康、左贡、邦达、八宿、然乌、波密、通麦、林芝、八一、工布江达、墨竹工卡抵拉萨。相对川藏北线而言，川藏南线所经过的地方多为人口相对密集的地区。沿线都为高山峡谷，风景秀丽，尤其是被称为"西藏江南"的林芝地区。但南线的通麦一带山体较为疏松，极易发生泥石流和塌方。

　　川藏南线成都至雅安段由川西平原向盆地低丘行进，全程为高速公路。雅安至康定段处于川西高原，即青藏高原东南低缘，特别是在雅安天全县境内曾有"川藏公路第一险"之称的二郎山，地势逐步抬升，山河走势沿南北线呈纵向分布，公路基本是越山再沿河，再越山再沿河往西挺进。二郎山海拔3500米左右，越山后，泸定至康定间的瓦斯河一段，雨季时柏油路面常被漫涨的河水或淹没或冲毁，时有泥石流发生。出康定即翻越山口海拔4298米的折多山。此山是地理分界线，西面为高原隆起地带，有雅砻江；东面为高山峡谷地带，有大渡河。折多山是传统的藏汉分野线，此山两侧的人口分布，生产、生活状态等都有较显著的差异。大渡河流域在民族、文化形态等方面处于过渡地带，主要分布着有"嘉绒"之称的藏族支系。其地域往北可至四川省阿坝州的大小金川一带。折多山以东属亚热带季风气候，基本处于华西丰雨屏带中，植被茂密，夏季多雨，冬季多雪，地表水及河流对山体和路基的冲蚀和切割作用明显；折多山以西属亚寒带季风气候与高原大陆性气候的交会区，气候温和偏寒，亦多降雨，缓坡为草，低谷为林，且多雪峰及高山湖泊。折多山至巴塘一段海拔4000米左右，由东往西有剪子弯山、高尔寺山、海子山等平缓高山。理塘是川藏南线重要的分路点，往北可抵新龙和甘孜，往南则抵稻城、乡城、得荣等地。宽阔平坦的理塘地处毛垭大草原，是川藏南线平均海拔最高的县，号称"世界高城"。巴塘往西逐渐进入金沙江东岸谷地，地宽而略低，是藏族传统的优良农区。但巴塘地处地质板块的吻合带，常有地震发生。过竹巴笼金沙江大桥后，川藏线进入著名的南北纵向横断山脉三山三江地带。公路由此进入长达800余千米的、不断上升的"漕沟状地质破碎路段"。西藏波密至排龙一段，雨季时肆虐的泥石流及山体滑坡令大地几成"蠕动状"，其威力足以使车行此地的人胆战心惊，直至翻过西藏林芝县境内的色季拉山口。此段有盘不完的山，蹚不完的河。川藏线上几乎所有的天险都集中在这一段。色季拉山口特别是林芝后，全为高等级公路，直到拉萨。

（2）全程

成都→147千米→雅安→168千米→泸定→49千米→康定→75千米→新都桥→74千米→雅江→143千米→理塘→165千米→巴塘→36千米→竹巴笼→71千米→芒康→158千米→左贡→107千米→邦达→94千米→八宿→90千米→然乌→129千米→波密→89千米→通麦→127千米→林芝→19千米→八一→127千米→工布江达→206千米→墨竹工卡→68千米→拉萨。

2.川藏北线

（1）概况

川藏北线起点是四川省成都市，终点是西藏自治区拉萨市。全程走317国道，其间交会213国道、214国道、109国道。

从成都出发北上在映秀镇往西，穿过卧龙自然保护区，翻越终年云雾缭绕的巴郎山（海拔4520米），经小金县，抵丹巴。进入甘孜藏族自治州后，经道孚、炉霍、甘孜、德格，过岗嘎金沙江大桥入藏，再经江达、昌都、丁青、巴青、那曲、当雄至拉萨。

相对川藏南线而言，川藏北线所过地区多为牧区（如那曲地区），海拔更高，人口更为稀少，景色更为原始、壮丽。与南线新都桥至巴塘一段相比，北线新都桥至德格一段基本是沿鲜水河、雅砻江而上，时有草场、峡谷、河水、河原等地形，不似南线那般高海拔和平缓。其中，丹巴是嘉绒藏族的主要分布区，毛垭大草原一带以风光和人文见长，道孚、炉霍等地民居冠绝康巴藏区乃至整个藏区，甘孜县河谷是康巴藏区优良的农区，而马尼干戈、新路海、雀儿山一带自然风光优美，德格是整个藏区的文化中心。

川藏北线沿途最高点是海拔4916米的雀儿山，景色奇丽，冰峰雪山美若云中仙子。石渠有康巴藏区最美的草原，如由石渠进入青海玉树藏族自治州，经玛多、温泉，可直达青海省首府西宁或青海湖。沿途高原湖泊、雪山、温泉密布，极少有旅游者涉足，是备受越野探险者推崇的绝佳线路。

（2）全程

成都→383千米→丹巴→160千米→道孚→72千米→炉霍→97千米→甘孜→95千米→马尼干戈→112千米→德格→24千米→岗嘎金沙江大桥→85千米→江达→228千米→昌都→290千米→丁青→196千米→巴青→260千米→那曲→164千米→当雄→153千米→拉萨。

3.青藏线

（1）概况

青藏线起点是青海省西宁市，终点是西藏自治区拉萨市。全程走109国道，其间交会317国道、318国道。

青藏公路于1950年动工，1954年通车，是世界上海拔最高、线路最长的柏油公路，也是目前通往西藏里程较短、路况最好且最安全的公路。沿途风景优美，可看到草原、盐湖、戈壁、高山、荒漠等景观。一年四季通车，是五条进藏路线中最繁忙的公路，司机长时间开车易疲劳，因此交通事故也多。沿途不时会看到翻到路基下的货车，所以走青藏线要特别小心。

青藏公路为国家二级公路干线，路基宽10米，坡度小于7%，最小半径125米，最大行车速度60千米/小时，全线平均海拔在4000米以上。登上昆仑山后高原面是古老的湖盆地貌类型，起伏平缓，共修建涵洞474座、桥梁60多座，总长1347千米。

（2）全程

西宁→123千米→倒淌河→196千米→茶卡→484千米→格尔木→269千米→五道梁→150千米→沱沱河→91千米→雁石坪→100千米→唐古拉山口→89千米→安多→138千米→那曲→164千米→当雄→75千米→羊八井→78千米→拉萨。

4.滇藏线

（1）概况

滇藏线起点是云南省昆明市，终点是西藏自治区拉萨市。前段走214国道，在芒康与川藏南线（318国道）相接。

滇藏公路的一条支线，是由昆明市经下关、大理、香格里拉、德钦、盐井，到川藏公路的芒康，然后转为西行到昌都或经八一到拉萨。昆明至芒康段，交通需要多站转驳，通过白族、纳西族、藏族等多个少数民族地区，民族风情浓郁。横贯横断山脉的滇藏公路，被金沙江、澜沧江、怒江分割，需翻越玉龙雪山、哈巴雪山、白马雪山、太子雪山及梅里雪山，还需穿过长江第一湾、虎跳峡等天然屏障。

（2）全程

昆明→418千米→大理→220千米→丽江→174千米→香格里拉→186千米→德钦→103千米→盐井→158千米→芒康→158千米→左贡→107千米→邦达→94千米→八宿→90千米→然乌→129千米→波密→89千米→通麦→127千米→林芝→19千米→八一→127千米→工布江达→206千米→墨竹工卡→68千米→拉萨。

5.新藏线

（1）概况

新藏线起点是新疆维吾尔自治区叶城县，终点是西藏自治区拉萨市。全程走219国道，在拉孜县转318国道到达拉萨市。

"行车新藏线，不亚蜀道难。库地达坂险，犹似鬼门关；麻扎达坂尖，陡升五千三；黑卡达坂旋，九十九道弯；界山达坂弯，伸手可摸天。"这段"顺口溜"在一定程度上反映了新藏线的路况。

在一代代建设者的努力下，曾经的天路已不再遥不可及：以前颠簸不已的土路现在基本为柏油路，以前给养补充都很困难的无人区路段现在沿路加油、吃饭都已不成问题。

虽然新藏线路况和设施都已经有了极大的改善，但自然环境没有变，仍然充满了挑战。新藏公路在海拔4000米以上的路段有915千米，海拔5000米以上的路段有130千米，真可谓世界上海拔最高的公路了；再者，从喀什出发，海拔只有900多米，到西藏和新疆分界线的界山达坂海拔达5347米，高差近4500米；而且，新藏公路沿线多是空旷的无人区，给人以荒凉之感。此线路是对人的身体承受能力极限的挑战，是对人毅力的极大考验。不过也正因为如此，这段人烟稀少的路线一直保持着原始风貌，而且沿线风光秀丽，有神山圣湖的美景，有古格王国的神秘，有喀喇昆仑山的庄严，喜马拉雅山巍然耸立，吸引了不少探险爱好者。

（2）全程

叶城→243千米→麻扎→180千米→神岔口→183千米→铁隆滩→98千米→界山达坂→172千米→多玛→113千米→日土→117千米→噶尔（狮泉河）→300千米→门土→2千米→马攸木拉→236千米→仲巴→206千米→萨嘎→58千米→22道班→182千米→昂仁→53千米→拉孜→157千米→日喀则→213千米→曲水→49千米→堆龙德庆→11千米→拉萨。

青 藏 线

青藏公路东起青海省西宁市，西至西藏自治区拉萨市。于1954年通车，全程1957千米，路基宽10米，坡度小于7%。青藏公路是目前世界上海拔最高、线路最长的柏油公路，也是通往西藏里程较短、路况最佳且最安全的公路。青藏公路是世界上首条在高寒冻土区全部铺设黑色等级路面的公路，被称为"世界屋脊上的苏伊士运河"，担负着85%以上的进藏物资的运输任务，全线平均海拔在4000米以上。

1.来源概述

青藏公路是我国一条横跨青藏高原的公路，是109国道的一部分，在青藏铁路全线通车前常被称为青藏线。青藏公路是1950年中央人民政府组织解放军和各族人民群众为支援解放军和平解放西藏而动工抢修的，1954年12月15日正式通车。

行进在茫茫青藏线上，你处处会感受到一个人的存在，因为沿途有近20个地名——雪水河、西大滩、不冻泉、五道梁、风火山、开心岭、沱沱河、万丈盐桥等，都是他起的，而每个地名都与一段他和修路工们不平凡的故事有关。几十年来，人们把主持修建青藏公路的慕生忠将军称为"青藏公路之父"。可以说，没有以慕生忠将军为代表的前辈们在青藏高原的奉献，就没有今天繁荣富强的西藏。

慕生忠，1910年生，陕西吴堡县人，1930年参加革命。慕生忠是有史以来第一个坐着汽车进拉萨的人。我们知道，当年解放西藏的主力部队是张国华将军率领的十八军，十八军进藏走的是川藏线，他们边打仗，边修路，边进藏。1951年解放西藏的前夕，在张国华从西南进藏的时候，中央也从西北调了一支队伍从青海进藏，这支部队的政治委员就是慕生忠，这次进藏也是慕生忠第一次进藏。这一次进藏，

（资料来源：百家号"以史为鉴"《青藏高原上的第一条公路是何人修建？背后有何故事》）

慕生忠看到了进藏的艰难，从青海走到拉萨，慕生忠的队伍用了四个多月的时间，不但时间长，而且损失极大，牺牲了很多战士，还损失了2/3的骡马。

随着西藏的和平解放，为了民族团结，进藏部队响应中央号召，不占地方供应，所有的补给都从外地运输至西藏。这样一来，进藏部队3万余人的生活极为困难，一天人吃马嚼要消耗3万～5万千克粮草，这些都需要战士、民夫翻越重重雪山才能送进去，最困难的时候一斤银子只能买到一斤面。慕生忠在1953年第二次进藏运输补给的时候，同样面临着从全国募集而来的骆驼冻死、病死在高原，宝贵的粮食因为缺少牲口的运输而只能丢弃在路边的困境。面对这样的困境，慕生忠在第二次进藏之后，萌生了修建一条公路的大胆想法。说到这里，还有一个小故事。1953年夏，慕生忠带领运输队来到青海西部的荒漠，按照前人留下的地图，寻找从格尔木去拉萨的便道。可是，没有人知道格尔木在哪里。大家各抒己见，争议很大，都很茫然。最终，慕生忠拍板说："我扎下营帐的地方就是格尔木！"这就是格尔木地名的由来。至此，亘古的荒原变成了筑路的大本营。

1954年2月初，慕生忠从青藏高原来到首都北京，找有关部门申请修筑青藏公路。他当时的身份是中共西藏工委组织部部长兼运输总队政治委员。因为西藏当时还没有公路，这个运输总队不是搞汽车运输的，主要是靠骆驼等牲畜给西藏运送粮食和紧缺物资。

自1954年5月11日起，慕生忠和2000多名筑路英雄用了7个月零4天，在世界屋脊青藏高原上，穿越25座雪山，修筑了1283千米长的高原公路。最终，慕生忠带领着100台大卡车，2000多名筑路英雄，于1954年12月15日，从羊八井直接抵达青藏公路的终点——拉萨。

2.线路特点

　　青藏公路起自青海西宁，从西宁至格尔木，翻越日月山、橡皮山、旺尕秀山、脱土山等高山，跨越大水河、香日德河、盖克光河、巴西河、清水河、洪水河等河流。经过青海省第二大城市格尔木市之后，要翻越四座大山——昆仑山（海拔4768米）、风火山（海拔4800米）、唐古拉山（山口海拔5231米）和念青唐古拉山（山口海拔5190米）；跨过三条大河——通天河、沱沱河和楚玛尔河，路过苍凉的格尔木戈壁滩，穿越可可西里的荒漠无人区，穿过藏北羌塘草原，在西藏自治区首府拉萨市与川藏公路会合。

　　青藏公路和川藏公路通车前，从拉萨到青海西宁往返一次，靠人背畜驮，冒风雪严寒艰苦跋涉，需半年到一年时间，仅单程就需要数月，而公路只需数天，大大缩短了往返西藏与邻省的交通时间。青藏公路通车后，进藏和出藏的物资也在逐年增加，这大大推动了西藏地区经济建设，极大地改善了当地人民的生活，改变了西藏长期封闭的状况，对于西藏的经济和国防建设都具有极为重要的作用。

　　青藏公路是西藏与内地联系的重要通道，至今，它承担着85%以上进藏物资和90%以上出藏物资的运输任务，在西藏经济发展和社会稳定中发挥着重要作用，被誉为西藏的"生命线"。

3.沿途风景

　　沿着青藏公路一路从西宁奔向拉萨的途中，依次经过青海湖景观带、昆仑山景观带、长江源景观带、羌塘草原景观带、那曲到拉萨景观带等。沿途风光多姿秀美，自然景观众多，更能感受到藏北牧区独特的民族风情和宗教文化。

　　对于喜欢看风景的人来说，可能会觉得青藏线沿途景观太单调，都是一片片茫茫的高原，看不到什么高低起伏、连绵不绝的雪域大山，其实不然。例如，从昆仑山到唐古拉山，这段路程接近500千米，属于可可西里地区，沿途就有平缓起伏的低山和高海拔的丘陵，从高处俯瞰，别有一番磅礴的美感。

　　不时在路边出现的野生动物也让旅途充满生机。青藏线上的可可西里有着青藏地区"动物王国"的美誉。这里栖息着藏羚羊、野牦牛、藏野驴、藏原羚等数量众多的高原珍稀野生动物，同时，金雕、黑颈鹤、大天鹅等鸟类在蓝天白云下飞翔，裸腹叶须鱼等鱼类在湖中游动，这些都是青藏高原珍稀的物种。

青藏铁路

藏原羚

4.海拔特点

青藏线的平均海拔较高，从格尔木到拉萨这一段平均海拔就达到了4500米以上，超过5000米的高山垭口有大/小唐古拉山口、申格里贡山口、念青唐古拉山口。

青藏高原的自然环境可以用"高寒缺氧"四字来简要概括，所以自驾青藏线一定要做好抗高原反应的准备工作。详细海拔：西宁2261米、日月山口3520米、青海湖3196米、茶卡盐湖3100米、格尔木2780米、昆仑山口4768米、唐古拉山口5231米、纳木措4718米、羊八井站4306米、拉萨3650米。

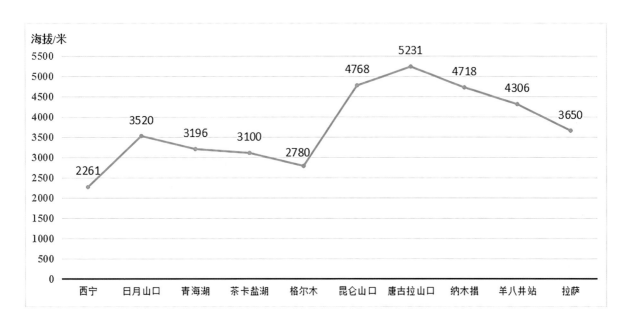

西宁市→茶卡镇

从西宁出发沿G6京藏高速行驶至茶卡镇，全程约319千米。出了西宁经过湟源，翻越海拔3520米的日月山后，就来到了青海湖，随后至茶卡镇。沿途有塔尔寺、日月山、青海湖、茶卡盐湖等著名景点。

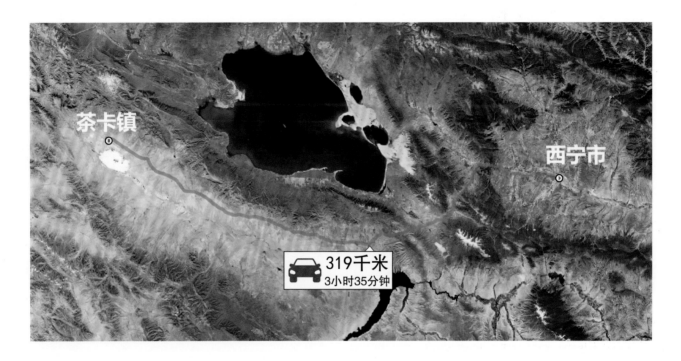

1.行政区域

（1）西宁

西宁是一座历史悠久的高原古城，也是中国黄河流域文化的组成部分。城北区朱家寨遗址、沈那遗址和西杏园遗址等考古发现，早在四五千年以前就有人类在这块土地上生产、生活，繁衍生息。

西宁是典型的移民城市，多民族聚集、多宗教并存，截至2020年11月1日，是青藏高原唯一人口超过百万的中心城市，移民人口有100万之多。

①**历史沿革。**

西宁，古称西平郡、青唐城，取"西陲安宁"之意。

1929年，青海正式建省，治西宁县。

1946年，以省垣周围正式成立西宁市。

1949年9月5日，西宁解放；9月8日，成立西宁市人民政府，为青海省辖市。

1999年12月，国务院批准将海东地区的湟中县、湟源县划归西宁市管辖。

2019年12月，国务院正式批准同意撤销湟中县，设立西宁市湟中区。

②地理环境。

◇位置：西宁市位于青海省东部，青藏高原东北部，地处湟水及三条支流的交汇处。市区海拔2261米，地理坐标介于北纬36°13′～37°28′、东经100°52′～101°54′之间。

◇地貌：西宁辖区形状呈东西向条带状，地势西南高、东北低。四周群山环抱，南有南山，北有北山。

◇气候：西宁属大陆性高原半干旱气候，年平均日照时数为1939.7小时，年平均气温7.6℃，最高气温34.6℃，最低气温-18.9℃。夏季平均气温17～19℃，气候宜人，是消夏避暑胜地，有"中国夏都"之称。

◇水文：西宁市年平均降水量380毫米，蒸发量1363.6毫米，湟水及其支流南川河、北川河由西、南、北三个方向汇合于市区，向东流经全市。

③生态环境。

西宁市生态环境以草原和湿地为主。湿地环境良好，动植物资源丰富，是大白鹭、渔鸥等重要候鸟的迁徙地和栖息地。近几年，鸳鸯、罗纹鸭、普通翠鸟、蓝翡翠等"异乡来客"也陆续在湿地内安家落户。在高海拔山地有寒温性针阔叶林，树种以云杉、圆柏、桦树、山杨为主；在海拔稍低山区则以蒿类和针茅为主，盖度较低；河谷地区以农作物和杨树林等人工植被为主。

④自然资源。

◇水资源：西宁水资源相对贫乏。湟水河横穿西宁市区，全年水资源量1314亿立方米，自产地表水资源量12.93亿立方米，地下水资源量894亿立方米。

◇动植物：西宁动植物资源丰富。野生动物中有20多种珍稀动物，其中包括马鹿、棕熊、岩羊、白唇鹿、原羚、狍鹿、蓝马鸡等。野生植物中有很多是药用植物，主要有升麻、防风、羌活、大黄、赤芍、党参等。盛产蚕豆、马铃薯、油菜籽等，每年的播种量较大。

◇矿产：西宁矿产资源种类较多。全市发现各类矿产46种，其中能源矿产有煤炭；金属矿产有铁、钛、铜、铅、锌、镍、钨、钼、岩金、砂金等10种；非金属矿产有水泥用石灰岩、电石用石灰岩、冶金用石英岩、玻璃用石英岩、冶金用白云岩、炼镁用白云岩、石膏、钙芒硝、软质高岭土、耐火黏土（陶瓷土）、镁质黏土、水泥用黏土、水泥用泥岩、水泥用黄土、砖瓦用黏土、萤石、彩石、饰面用花岗岩、建筑石料花岗岩、玄武岩、磷(磷块岩)、长石、建筑砂石、黄铁矿、滑石、蛇纹岩、白云母、透辉石、泥炭、石墨、粉石英、菱镁矿等32种；水汽矿产有地下水、矿泉水、地下热水等3种。其中对全市经济社会发展贡献较大的矿种有石灰岩、石英岩、黏土（水泥用黏土、砖瓦用黏土）；具有资源优势和潜在开发优势的矿产有白云岩、石膏、铸石用玄武岩、矿泉水、地下热水；短缺的矿种有煤、铝土矿、铜、铅、锌等矿产。截至2018年底，发现矿床、矿点、矿化点矿产地202处，其中大型矿床18处、中型矿床28处、小型矿床32处、矿点109处、矿化点15处，大、中型矿床占矿产地总数的22.77%。

（2）茶卡镇

根据第七次全国人口普查数据，至2020年，茶卡镇的常住人口为3667人，辖区面积为1900平方千米，下辖1个社区、8个村，海拔3059～4200米。

①历史沿革。

1958年，设县级茶卡工作委员会，隶属海西州。

1959年，隶属茶卡公社。

1963年，恢复茶卡区。

1972年，撤销茶卡区公所，归入茶卡公社。

1985年，设立茶卡镇。

②地理环境。

◇位置：茶卡镇隶属于青海省海西蒙古族藏族自治州乌兰县，位于乌兰县东部，柴达木盆地东缘，茶卡盐湖周边，东与青海省海南藏族自治州共和县相连，南临都兰县，西与铜普镇相邻，北与天峻县接壤。茶卡镇距乌兰县城74千米，距西宁市300千米。

◇地貌：茶卡镇四周环山，山地、丘陵约占全镇土地面积的二分之一；南、北为高山，中间为盐湖，呈南北高、中间低的趋势。

◇气候：茶卡镇属高原干旱区，夏秋少雨干旱，冬春多风沙。年平均气温1.4℃，全年日照时数2700～2800小时，无霜期70天左右。

◇水文：茶卡镇年均降水量210.1毫米，年蒸发量2500毫米。

③生态环境。

茶卡镇以丘陵为主，自然旅游资源丰富，四面环山，中间为盐湖，地势较低平，海拔约3100米。拥有较大的湿地草原和较为独特的盐湖，物种多样，形成丰富且独特的自然旅游资源。

茶卡盐湖周围地区树木植物极少，主要为草本植物，其中早熟禾和蒿草为优势种类。

④自然资源。

茶卡镇依托茶卡盐湖景区大力发展以旅游业为主的第三产业，是国家首批特色小镇之一，并获"中国最具文化价值特色小镇"和"全国美丽宜居小镇"荣誉称号。

茶卡镇自然资源中最大的特色是茶卡盐湖，茶卡盐湖别称茶卡或达布逊淖尔。"茶卡"是藏语，意即盐池；"达布逊淖尔"是蒙古语，也是盐湖之意。茶卡盐湖是我国天然结晶盐湖，是柴达木盆地四大盐湖之一。茶卡盐湖景区是中国唯一一家盐湖旅游AAAA级景区，享有中国"天空之镜"之美称，是"青海四大景"之一，是《国家旅游地理》杂志评选的"人一生要去的55个地方"之一。

2.沿途风景

（1）青海湖

青海湖古称"西海"，又称"仙海""鲜水海""卑禾羌海"，是中国最大的内陆湖、咸水湖。湖面海拔3196米，湖岸线长360千米，面积4583平方千米，湖水冰冷且盐分很高。湖中有海心山，四周高山环绕——北面是大通山，东面为日月山，南面是青海南山，西面为橡皮山。湖区盛夏时节平均气温仅15℃，为天然避暑胜地。

青海湖

青海湖周边牧场

（2）门源油菜花海

门源油菜花海是指青海省海北藏族自治州门源回族自治县的一处美丽而蔚为壮观的人造景观。门源回族自治县距西宁150千米，门源种植小油菜已有1800多年的历史，是北方小油菜的发源地，是全国乃至全世界最大的小油菜种植区，种植面积达50万亩。门源回族自治县过去因种植油菜而大幅提高了农民收入，如今又把一片片油菜花田变成了一张旅游名片，成为青海旅游的一大亮点。每年的7月初开始，这里的油菜花就盛开，开花时间是7月5日至25日，最佳花期是7月10日至20日。

（3）日月山

日月山坐落在青海省西宁市湟源县西南方40千米处，属祁连山脉，山体长90千米，是青海湖东部的天然水坝。日月山平均海拔4000米左右，最高海拔4877米，青藏公路通过的日月山口的海拔为3520米。藏语称日月山为"尼玛达哇"，蒙古语称"纳喇萨喇"，就是太阳和月亮的意思。日月山自古就是历史上"羌中道""丝绸南路""唐蕃古道"的重要环道。南北朝时期，由于河西走廊丝绸之路堵塞而开辟"丝绸南路"，即经日月山、青海湖，过柴达木盆地通往西域。唐代开辟的"唐蕃古道"更是由日月山东北入境，从西南出境前往河源去到拉萨，贯穿海南藏族自治州腹地。

关于日月山名字的由来，有个美丽的传说。相传文成公主远嫁松赞干布时曾经过此山，她在峰顶翘首西望，远离家乡的愁思油然而生，不禁取出临行时皇后所赐"日月宝镜"观看，镜中顿时出现长安的迷人景色，公主悲喜交加，不慎失手，把"日月宝镜"摔成两半，两半正好落在两个小山包上，东边的半块朝西，映着落日的余晖，西边的半块朝东，照着初升的月光，日月山由此得名。日月山还曾经是会盟、和亲、战争以及"茶盐""茶马"互市等众多历史事件的见证地。

（4）倒淌河

倒淌河位于青海省海南藏族自治州，海拔约3300米，全长40多千米，自东向西，流入青海湖，区别于大多数自西向东的河流，故名倒淌河。倒淌河东起日月山，西至青海湖，发源于日月山西麓的察汗草原，是青海湖水系中最小的一支。

（5）塔尔寺

塔尔寺，又名塔儿寺，位于青海省西宁市西南方25千米处，创建于明洪武十二年（1379年）。该寺得名于寺内为纪念创始人而建的大银塔，藏语称为"衮本贤"，意思是"十万狮子吼佛像的寺"。塔尔寺是中国西北地区藏传佛教的活动中心，在中国及东南亚享有盛名，历代中央政府都十分推崇塔尔寺的宗教地位。明朝对寺内上层宗教人物多次授封名号，清康熙帝赐有"净上津梁"的匾额，乾隆帝赐"梵宗寺"称号，并赐大金瓦寺"梵教法幢"匾额。三世达赖、四世达赖、五世达赖、七世达赖、十三世达赖、十四世达赖及六世班禅、九世班禅和十世班禅，都曾在塔尔寺进行过宗教活动。

（6）茶卡盐湖

茶卡盐湖，位于青海省乌兰县境内，介于东经 99°02′～99°02′、北纬36°18′～36°45′之间，位于柴达木盆地的最东段、茶卡盆地西部、祁连山南缘新生代凹陷的山间自流小盆地内，南面有鄂拉山，北面因南山而与青海湖相隔。茶卡盐湖气候温凉，干旱少雨，属高原大陆性气候，年平均气温4℃，年平均降水量210.4毫米。湖面海拔3100米，长15.8千米，宽9.2千米，呈椭圆形，总面积105平方千米。

茶卡盐湖周边荒漠

茶卡镇→格尔木市

从茶卡镇出发，继续沿G6京藏高速行驶，途经都兰县、戈壁滩、柴达木盆地等，到格尔木市。全程约484千米。

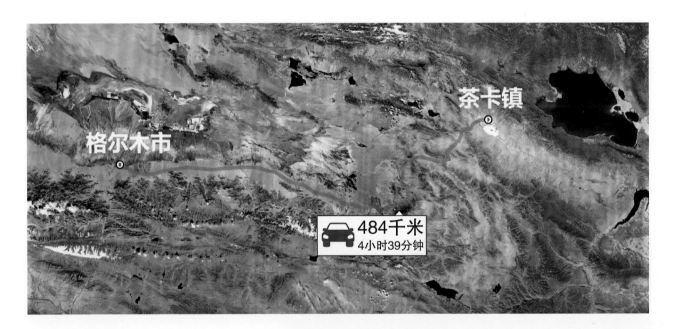

1.行政区域

（1）都兰县

都兰县位于青海省海西蒙古族藏族自治州东南部。都兰，蒙古语意为"温暖"。截至2020年，都兰县常住人口近7万人。以汉族为主，还有藏族、蒙古族、回族、土族等少数民族。县域东西长约310千米，南北宽约180千米，总面积4.527万平方千米。县人民政府驻察汗乌苏镇，距州府德令哈市205千米，距省会西宁市427千米。

都兰县晚霞

①历史沿革。

周秦至汉初，都兰属西羌的白兰羌牧地。

汉平帝元始四年（公元4年），都兰属汉朝统辖。

4—7世纪，都兰是鲜卑吐谷浑王朝的领地，后被吐蕃兼并。

自13世纪（元代）起，都兰开始归入中央王朝版图，为东蒙古诸部、和硕特西右后旗驻牧地。

1930年，改为都兰县。

1949年，都兰解放，成立都兰县人民政府。

1952年，改设都兰自治区。

1953年、1954年，先后易名为都兰蒙古族、藏族、哈萨克族联合自治区和都兰蒙古自治区。

1955年，改为都兰县，驻地由香日德区迁至察汗乌苏乡。

②地理环境。

◇位置：都兰县隶属青海省海西蒙古族藏族自治州，位于青海省中部、柴达木盆地东南隅，东临乌兰县茶卡镇，西接海西工业重镇格尔木市，南临青南牧区果洛州玛多县和玉树州曲麻莱县，北连海西州首府德令哈市。

◇地貌：都兰县地处柴达木盆地东南隅，地势由东南向西北倾斜。全境可分为汗布达山区和柴达木盆地平原两种地貌类型。戈壁、沙漠、谷地、河湖、丘陵、高原、山地等地形依次分布。

◇气候：都兰县属高原干旱大陆性气候，年平均气温2.7℃，最低极端气温为 - 29.8℃，最高极端气温达33℃。县域西部干旱少雨，日照充足，东部气候温凉，昼夜温差大。年日照时数2903.9～3252.5小时。

◇水文：都兰县年平均降水量37.9～180.5毫米，蒸发量1358～1765毫米。境内有沙柳河、托索河、察汗乌苏河等大小河流40多条。

③生态环境。

都兰县生态环境主要以沼泽、荒漠、荒山为主，是青海省沙漠面积较大、风沙危害较为严重的地区之一。特殊的地理位置使都兰县大陆性荒漠气候显著，夏季炎热少雨，冬季寒冷干燥。

梭梭和白刺是都兰县沙化区和荒漠区植物群落的主要建群种和优势种，是构成都兰县西北部地区生态防线的主要绿色屏障，具有重要的生态服务功能。都兰县主要的农作物为青稞、春小麦和油菜。

④自然资源。

◇植物：都兰县珍稀的林木品种主要有千年原始柴达木圆柏、野生的原始青甘杨及有"活化石"之称的荒漠原始梭梭林。另外，还有黄芪、大黄、羌活、雪莲、麻黄、锁阳、茵陈等各类汉藏药材可供开发利用。

◇动物：都兰县野生动物有岩羊、黄羊、盘羊、藏羚羊、野驴、野牦牛、白唇鹿、马鹿、狐狸、雪豹、熊、黄鸭、猞猁、石貂、沙狐、鹅喉羚、天鹅、黑颈鹤、雪鸡、石鸡等40多种，其中国家级一、二类保护动物16种，青海省级一、二类保护动物24种。

◇矿产：政府网站2014年8月公布资料显示，都兰县是青海省的十大资源县之一，已发现的矿产资源主要有煤、铁、锰、铜、锂、锌、铅、硼、金、镁盐、钾盐、石墨、硅灰石等40多个矿种，其中大型矿床3处、中型矿床4处、小型矿床19处，铁、石墨、硅灰石等矿产储量居全省前列。

（2）格尔木市

"格尔木"是蒙古语译音，又译作高鲁木斯、郭里峁、噶尔穆，意为"河流密集的地方"。根据国务院印发的《"十三五"现代综合交通运输体系发展规划》，格尔木作为稳疆固藏和连通西藏、新疆、甘肃等地的重要节点城市，被列入全国性综合交通枢纽。青藏、青新、敦格三条公路干线在格尔木市交会，青藏铁路已全线通车。

格尔木

格尔木日落

①**历史沿革。**

格尔木史称"羌中道"。

南北朝时期，此地建立起以鲜卑人为中心与诸羌领袖联合的政权——吐谷浑国，格尔木地区成为吐谷浑国属地。

隋朝灭吐谷浑国，格尔木地区被正式纳入中原统一王朝的版图。

元朝时期，中央设置宣政院直接统辖整个藏族聚居地，结束了青藏高原400年的分裂割据局面。

1952年8月，格尔木正式解放。

1959年10月，中共中央批准成立格尔木工作委员会（简称格尔木工委），为县级领导机构。

1960年11月，国务院全体会议第105次会议批准撤销格尔木工委，改设格尔木市。

1966年3月，改设格尔木县。

1980年6月，格尔木县改设为格尔木市。

②地理环境。

◇位置：格尔木市位于青海省西部，柴达木盆地中南边缘，隶属青海省海西蒙古族藏族自治州，全部辖区由柴达木盆地区和唐古拉山区两块互不相连的地域组成。柴达木盆地区是市区的主体部分，位于柴达木盆地西南部，南依可可西里自然保护区，东与都兰县接壤，北部是大柴旦和茫崖行政区，西和新疆维吾尔自治区巴音郭楞蒙古自治州的若羌县交接，地理坐标为北纬35°11′～37°48′、东经91°43′～95°51′；东西长450千米，南北宽225千米，面积71414.10平方千米。唐古拉山区位于柴达木盆地区的西南方向，南部、西南部与西藏自治区接壤，东部、北部和玉树藏族自治州相邻，地理坐标为北纬32°44′～34°56′、东经89°39′～93°30′；距格尔木市区425千米，东西长293千米，南北宽173千米，面积47540.08平方千米。格尔木市辖区总面积为118954.18平方千米。

◇地貌：格尔木市境内地形复杂，大体可分为盆地高原和唐古拉山北麓两部分。盆地高原海拔2625～3350米，在地形结构和地貌特征上大体呈同心圆分布，自盆地南侧边缘到中心，依次为高山、戈壁、风蚀丘陵、平原、盐湖。按地貌类型可分为山地和平原。山地又可分为极高山、高山、中山山地。极高山分布于唐古拉山与祖尔肯乌拉山的主脊部位。海拔大于5800米，相对高差1000～2500米，属大起伏极高山，其山峰高度一般均在6000米以上，最高山峰为各拉丹冬峰，海拔为6621米。

格尔木市境内平原又可分为高海拔平原、高海拔洪积平原、中海拔洪积平原、中海拔冲洪积平原、中海拔冲湖积平原、中海拔盐湖沉积平原和中海拔剥蚀平原。高海拔平原分布于唐古拉山及其西端的祖尔肯乌拉山山间盆地、谷地。高海拔洪积平原主要位于那棱格勒河与格尔木河河源宽谷地带，海拔为4000米左右，由砾卵石组成。

格尔木市境内盆区南缘从东到西为昆仑山山脉，主要山峰有布喀达坂峰、沙松乌拉山、马兰山、博卡雷克塔格山、唐格乌拉山；唐古拉山是青海与西藏的界山，主要山峰有乌兰乌拉山、祖尔肯乌拉山、各拉丹冬峰、小唐古拉山。

◇气候：格尔木市的气候属典型的高原大陆性气候。冬季平均气温 - 6.5℃左右，夏季平均气温在17.5℃左右；唐古拉山区冬季平均气温在 - 15℃左右，夏季平均气温在7℃左右。

◇水文：格尔木市降水量少，雨热同季，降水量随空间的分布差异很大。唐古拉山区年降水量约为柴达木盆地区的10倍；盆地区降水量总的分布趋势是由东向西逐渐递减。境内主要河流有格尔木河、那棱格勒河、沱沱河、孕尔曲河、当曲河。格尔木河发源于昆仑山脉阿克坦齐钦山，流经格尔木，汇入达布逊湖，为内陆河，全长468千米（干流长352千米），流域面积18648平方千米；那棱格勒河发源于昆仑山布喀达坂峰南坡（海拔5598米），拉克阿干（那棱格勒河北支）汇口以上名为洪水河，是青海省最大的内陆河，全长439.5千米（河源至公路），汇入东台吉乃尔湖，流域面积21898平方千米；沱沱河为长江源头区，河流从各拉丹冬到沱沱河水文站，长290千米，流域面积15924平方千米；孕尔曲河（木鲁乌苏河）为通天河的上游，发源于唐古拉山的各拉丹冬，流域面积5625平方千米；当曲河流域面积31251平方千米。盆地区另有楚拉克阿拉干河、雪水河、昆仑河、东台吉乃尔湖、托拉海河、小灶火河、大灶火河、五龙沟河、大格勒河、那棱灶火河等。

格尔木地区共有38个湖泊，其中柴达木盆地区有10个、唐古拉山区有28个，总面积2193平方千米。湖泊以咸水湖为多，也有少量的淡水湖。昆仑山以北盆地范围内，湖泊面积在100平方千米以上的咸水湖有南、北霍布逊湖，达布逊湖，东、西台吉乃尔湖。其中达布逊湖面积最大，为342.8平方千米。淡水湖主要分布在唐古拉山区的长江源头区，而且多是些无名湖。最大的淡水湖泊为多尔改措（叶鲁苏湖），位于楚玛尔河上游，面积151.3平方千米。还有库赛湖、可可西里湖、勒斜武旦湖、西金乌兰湖等，这些多为咸水湖。

格尔木荒漠

③生态环境。

格尔木市生态环境以山地和平原为主，境内有长江源头、万丈盐桥、雪山冰川、昆仑雪景、瀚海日出、沙漠森林等自然景观，格尔木昆仑旅游区是国家AAAA级旅游景区。

格尔木动植物资源丰富。红柳、沙棘等多种野生植物在戈壁大漠扎根守望，罗布麻、锁阳等多种中药材可见。这里是藏羚羊的故乡、白唇鹿的乐土、野牦牛的天堂。每年有多种野生鸟在这里栖息和迁徙。这里是全球高海拔地区生物多样性最集中的地区，在众多的野生动植物资源中，藏羚羊、野牦牛等被列为国家重点保护野生动物，格尔木也因此被称为"野生动植物"的王国。

④自然资源。

◇水资源：格尔木地区地表水资源丰富，仅大小河流就有20多条。盆地区的格尔木河年平均径流量7.796亿立方米，那棱格勒河年平均径流量10.3亿立方米；唐古拉山区河流年平均径流量合计48亿多立方米，总计近70亿立方米。地下水资源总量为29.73亿立方米，盆地地下水来源主要是南昆仑山区的大气降水和冰雪融水，通过裂隙水或河流注入盆地进行补给。

格尔木市水能资源较为丰富，河流一般均具有主河道干流长、坡降大的优势。唐古拉山区的当曲河和冬曲河水能蕴藏量分别为10.4万千瓦和6.06万千瓦，大格勒河年发电量1.82万千瓦时。

◇动物：格尔木市野生动物资源较丰富，有野牦牛、野驴、野骆驼、猞猁、藏羚羊、盘羊、石羊、野马、黄羊、马熊、白唇鹿、雪豹、红狐、狼等20多种；野禽有野雉、石鸡、雪鸡、天鹅、棕头鸥、大雁、赤麻鸭、黄鸭、鱼鸥、鱼鹰、鹰雕、黑颈鹤、褐马鸡等20多种。其中野牦牛、野驴、白唇鹿、藏羚羊、盘羊、雪豹、猞猁等9种野兽，和雪鸡、天鹅、鹰雕、黑颈鹤、野鸡5种野禽，被国家列为重点保护的珍稀野生动物。

◇植物：格尔木市有中药233种，其中植物药212种、动物药19种、矿物药2种。蕴藏量较大的中药资源有麻黄、秦艽、黄芪、葶苈子、网脉大黄、紫苑、尿泡草、茵陈、蒲公英、熊骨、甘草、枸杞子、扁蓄、小蓟、败酱草、马尾莲、雪莲、龙胆、银莲花、棘豆、辣根菜、藏羚羊角、羊牛胆汁、羊牛草结、熊掌、豹骨等70多种。

◇矿产：格尔木市境内探明有铁、铜、铅、锌、钨、锡、金、银、硫、天然碱、石膏、水晶、石灰岩、黏土、天然气、煤等44种。能源矿产，主要包括煤、天然气两大类，煤零星分布在南部，而天然气则集中分布于北部三湖一带。盐湖资源丰富，有盐湖矿产地7处，探明有钾、镁、硼、锂、铷、溴、碘、天然碱、芒硝、石盐等矿10种。

2.沿途风景

（1）柴达木盆地

　　柴达木盆地地处青海省西北部，位于阿尔金山、祁连山和昆仑山之间，是中国地势最高的内陆盆地。柴达木盆地的雅丹地貌世界闻名，这种由于风化产生的地貌，是戈壁滩上特有的一大奇观，十分壮观。盆地的盐产以及矿产都相当丰富，因此人们将柴达木盆地誉为"财富盆地"。同时，它也属于狂风盛行的沙漠地域，受到西部昆仑山脉的阻挡，春秋两个雨季盛行的狂风在这里改变风向，同时风速也降了下来，于是在这块带状地域沉积了很多的卵石和砂砾。

（2）贝壳梁

　　在柴达木盆地的一处戈壁滩上，有一条长约2千米的小丘陵，当地人称之为"贝壳梁"。贝壳梁表面薄薄的盐碱土下面埋藏着厚达20多米的瓣鳃类和腹足类生物贝壳堆积层。这一罕见的自然奇观，是迄今为止中国内陆盆地发现的最大规模的古生物地层。

（3）察尔汗盐湖

　　察尔汗盐湖海拔最低点为2200多米，由达布逊湖、南霍布逊湖、北霍布逊湖、涩聂湖4个盐湖汇聚而成。格尔木河、素棱果勒河等10多条内陆河注入。"察尔汗"是蒙古语，意为"盐泽"。盐湖周围地势平坦，荒漠无边，但风景奇特。整个湖面好像一片刚刚耕耘过的沃土，又像是鱼鳞，一层一层，一浪一浪。遗憾的是土地上无绿草，湖水中无游鱼，天空中无飞鸟，一片寂静。

（4）雅丹地貌

　　"雅丹"是维吾尔语，意为"具有陡壁的土堆丘"，也叫"风蚀林""沙石林"，是一种奇特的风蚀地貌。雅丹地貌区西临一里坪，北接德宗马海湖，东连马海，南与尔台吉乃尔相连，地理坐标为东经97°18′，北纬37°59′，位于大柴旦镇以西，面积约200平方千米。由于亿万年的地质变迁，因褶皱而隆起和因断裂破碎的裸露第三级地层在外营力的长期作用下，一部分地表物质因吹蚀形成多种残丘和槽形低地。盆地瀚海盐碱滩，由于受强烈风沙的侵蚀，久而久之，裂缝越来越大，原本平坦的地表发育成许多不规则的垄脊沟槽，顺盛行风方向伸长，沟槽越来越大，垄脊越来越小，出现许多不连接的土墩，形成了戈壁滩上特有的一大奇观，这就是著名的"雅丹地貌"。

雅丹地貌

格尔木市→唐古拉山镇

从格尔木市沿109国道（京拉公路）出发至唐古拉山镇，全程约419千米。出了格尔木市，途经西大滩，翻越海拔4768米的昆仑山口，再经过海拔4636米的五道梁、海拔4800米的风火山后到达唐古拉山镇（又称沱沱河镇）。沿途景点有玉珠峰、昆仑山口、三江源、可可西里自然保护区、不冻泉。

1.行政区域

（1）五道梁镇

五道梁镇属青海省玉树藏族自治州曲麻莱县管辖，有兵站、泵站、机务段、气象站、保护站和公路段等国家设置单位。像很多长途公路中继站一样，青藏公路从小镇中间穿过，公路两边多为饭馆和修车铺、加油站。主要居民构成是藏族、回族、汉族。

①地理环境。

◇位置：青藏铁路的列车出楚玛尔河站，距格尔木269千米处就是五道梁镇。

◇地貌：五道梁位于青藏高原腹地，地势高耸，空气稀薄，南北均有高山，地形封闭。

◇气候：五道梁的气候特点为地高天寒，四季皆冬。夏季降水较多，冬季降水较少。1月平均气温为−16.2℃，7月平均气温为6.0℃，全年平均气温为−5.1℃，非常寒冷，是我国年平均气温最低的地方。

◇水文：年降水量301.4毫米。

②生态环境。

五道梁镇常被人们称为"生命禁区"，高原反应一般会在五道梁处显现。五道梁海拔4636米，因海拔和地势较高，空气不流畅，且这一带土壤含汞量较高，植被较少，造成空气中含氧量很低，很容易发生高原反应，因此五道梁被认为是青藏线上最艰难的地段。通常认为青藏线上如果能安全过五道梁和唐古拉山口，那么后面的路也不会非常难走了。

五道梁镇属高寒冻土地带的寒冷气候，是荒漠沼泽草原地带。海拔高、地势险、植被少，沿途偶尔可见藏羚羊的身影，高原植物表面的各类附属物，如发达的角质层和毛状物等。

五道梁镇附近的青藏铁路

风火山（位于五道梁镇和唐古拉山镇之间）

开心岭（位于五道梁镇和唐古拉山镇之间）

沱沱河大桥
Tuotuhe Bridge

沱沱河大桥

跨沱沱河的通天河大桥

（2）唐古拉山镇

过往司机习惯把唐古拉山镇称作沱沱河镇。它是万里长江第一镇，位于青海省西南部、青藏高原腹地的唐古拉山脉北坡，是远离格尔木市主区的一个镇，处于长江的源头——沱沱河地区。沱沱河地区以沱沱河大桥为地标，距格尔木市区419千米。

唐古拉山镇作为青藏公路上的要冲，其长江之源的名号，让这镇上几乎每家单位都能和"长江第一"几个字结缘。长江第一镇政府、长江第一哨、长江第一水文站、长江第一气象站、长江第一加油站等，可以说在这里只要是能叫出名的单位，都可以称为"长江第一"。

唐古拉山镇

①历史沿革。

1956年，建立柴达木工委唐古拉山工作委员会，成为与格尔木工委平行的行政建制。

1964年，撤销唐古拉山工作委员会并将行政区域划归格尔木市，改归格尔木市管辖。同年7月21日，唐古拉山地区设区级政权机构。

1971年，更名为唐古拉山公社。

1984年，撤销唐古拉山公社，设立唐古拉山乡。

2005年，撤乡建唐古拉山镇。

②地理环境。

◇位置：唐古拉山镇隶属于青海省海西蒙古族藏族自治州格尔木市，地处北纬32°39′～34°48′、东经89°40′～92°55′，位于格尔木市西南部，东、北与玉树藏族自治州杂多县、治多县毗邻，西、南与西藏自治区那曲地区接壤。

◇地貌：唐古拉山镇地处唐古拉山北麓，地势南高北低。境内峰峦重叠，地势险峻，冰川堆积，间有低谷、平滩和沼泽，平均海拔4800米，属典型的高原地貌。

◇气候：唐古拉山镇属温带高原大陆性气候，其特点是温凉、干燥、干旱少雨，夏季凉爽短促，冬季严寒漫长。年平均气温 - 4.2℃，1月平均气温 - 26.3℃，极端低温为 - 45.2℃；7月平均气温为 - 0.2℃，极端高温为23.4℃。境内无绝对无霜期。年日照时间长达2818～2870小时。常年多西北风和偏北风，平均风速3.6米/秒，最大风速40米/秒以上，年均大风天数130天，沙暴天数15天。年均积雪62天，积雪天数最多的达186天。唐古拉山镇主要气象灾害为大雪和沙尘暴等，对牧业生产和当地交通产生较大影响。

◇水文：唐古拉山镇年降水量282.3毫米，年蒸发量1646.1毫米。唐古拉山区河流年平均径流量合计48亿多立方米，总计近70亿立方米。

③生态环境。

唐古拉山镇地处青藏高原腹地、三江源自然保护区内，长江源的正源沱沱河位于境内，全镇平均海拔在4700米以上，生态环境极其脆弱。由于海拔高，气温低，植物生长期短，牧草低矮稀疏。辖区北靠可可西里国家级自然保护区，北临玉树藏族自治州，西南与西藏自治区接壤，是海西蒙古族藏族自治州格尔木市的一块"飞地"。

唐古拉山镇生态环境以高原为主，植被以高寒草原为主，混生垫状植物，畜牧业以饲养牛、羊为主。山峰上发育有小型冰川，为长江、澜沧江、怒江等河流的发源地。气温低，有多年冻土分布，冻土厚度70～88米。唐古拉山脉是长江的发源地，也是旅游景点之一。

④自然资源。

唐古拉山镇境内探明压电水晶矿单晶矿物D级储量为29698千克，其中大单晶136.9千克；熔炼水晶矿物D级储量357.1吨。青藏公路103—104道班地段有3个温泉带，40余处温泉，单泉流量0.01～60升/秒，温度17～72℃，矿化度高于1克/升，不宜饮用，多数温泉温度为57～72℃，可用来取暖和发电。一些温泉达到医疗矿泉水标准，可用于医疗和水浴。

2.沿途风景

（1）玉珠峰

玉珠峰的两侧耸立着众多海拔5000米以上的高峰，南北坡均有现代冰川发育。地形特点是南坡缓、北坡陡，其中南坡冰川末端海拔5100米，而北坡冰川延伸至海拔4400米。攀登玉珠峰有很多有利的因素，比如其交通便利等。

玉珠峰

（2）西王母瑶池

昆仑河源头黑海，是一座天然高原平湖，距格尔木市区250千米，平均海拔4470米，东西长约12000米，南北宽约5000米，湖水最深处达21.9米，湖水粼粼，碧绿如染，清澈透亮，水鸟云集，湖畔水草丰美，有野牦牛、野驴、棕熊、黄羊、藏羚羊等野生动物出没。湖旁有一平台，传说每年到了三月初三、六月初六、八月初八，西王母专门在此设蟠桃盛会宴请各路神仙，各路神仙便来向西王母祝寿，热闹非凡。神秘且海拔最高的西王母瑶池，立有"西王母瑶池"纪念碑石，在此可感受到昆仑神话妙不可言的韵味。

（3）昆仑山口

昆仑山口位于青海西南部，昆仑山中段，格尔木市区以南160千米处，是青海、甘肃两省通往西藏的必经之地，也是青藏公路上的一大关隘，因山谷隘口而得名，亦称"昆仑山垭口"。昆仑山是中华民族的象征，也是中华民族神话传说的摇篮，古人尊其为"万山之宗""龙脉之祖"，因而有"国山之母"的美称，藏语称"阿玛尼木占木松"，即祖山之意。

（4）三江源

　　三江源地区是中国面积最大的天然湿地分布区，素有"中华水塔"之称。长江、黄河、澜沧江均发源于青海境内，这三条大河的源头相距很近。万里长江发源于唐古拉山脉的主峰各拉丹东南侧的大冰川，绵亘几十里的冰塔林犹如一座座水晶峰峦，千姿百态，景色绮丽。滚滚黄河发源于巴颜喀拉山北麓的卡日曲河谷和约古宗列盆地，源头湖泊、小溪星罗棋布，水草丰美，甚为壮观。澜沧江发源于青海省玉树藏族自治州杂多县西北部吉富山麓扎阿曲的谷涌曲。

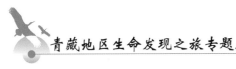

三江源国家公园长江源园区

（5）可可西里国家级自然保护区

可可西里国家级自然保护区为中国最大的无人区之一，因其险恶的自然环境，独一无二的自然景观，尤其是藏羚羊及相关环境保护问题受到了社会各界的重视。2014年前，此区域被视为探险者和科考者的天堂。2017年开始禁止一切单位和个人随意进入保护区开展非法穿越活动。

可可西里

可可西里

可可西里纪念碑

可可西里国家级自然保护区

唐古拉山镇→那曲市

从唐古拉山镇的沱沱河出发，经过平均海拔约4700米的雁石坪后，继续行驶约100千米，到达唐古拉山口，此处也是青藏公路上青海省和西藏自治区的分界线。翻越海拔5231米的唐古拉山口后，继续沿109国道行驶，进入西藏自治区北大门，然后经过安多县，到达那曲市。全程约418千米。沿途风景有唐古拉山、措那湖等。此段平均海拔在4600米以上，主要地形为高原山川，由于海拔高，植被较少。

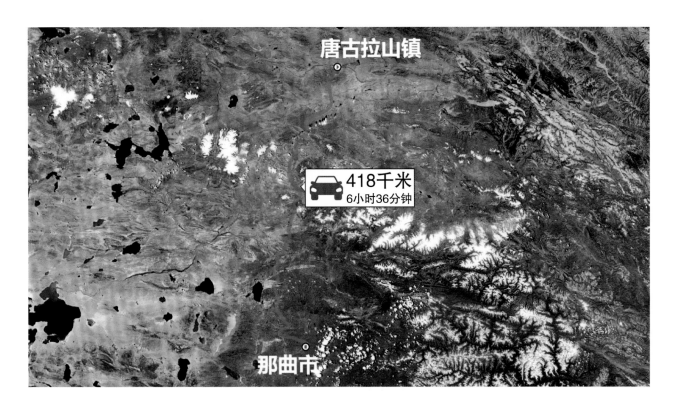

青海与西藏分界处，西藏北大门

青藏线进入西藏段

唐古拉山口附近

1.行政区域

（1）安多县

安多县隶属于西藏自治区那曲市，地处西藏北部，著名的唐古拉山脉南北两侧。安多县面积约10万平方千米，辖4镇9乡79个行政村，安多县城所在的帕那镇坐落在河谷的出口，再向前就是开阔的草原。青藏铁路与青藏公路贯穿县境，往南经那曲镇直达拉萨市，距拉萨约450千米。

安多县平均海拔5200米，县城海拔4800米，是至今人类定居生活的最高海拔地区，也是全国建制县最高海拔县之一。

安多，藏语意为"末尾或下部"。历史上，因此处藏族群众居住的地域在整个卫藏区的下部，故取名为安多。江河在卫藏区习惯被称作藏布，在康巴区等习惯称曲，而安多县的江河却习惯称曲，如尕尔丁曲、加木采曲等，这说明安多县是语言文化的交叉地带。

安多县是藏北重要的交通枢纽，位于青藏公路和安狮公路的会合处，被国家列入第二批革命文物保护利用片区分县名单。

①历史沿革。

西藏民主改革前，安多有四大部落，由安多千户长管辖，隶属羌基。

1959年，民主改革后建安多县，隶属那曲专区管辖。

1970年，那曲专区改称那曲地区，安多县由那曲地区管辖，安多县政府临时驻地在拉日。

②地理环境。

◇位置：安多县地处西藏自治区那曲市北部，著名的唐古拉山脉南北两侧。东与青海省治多县、杂多县，西藏聂荣县为邻，南与色尼区接壤，西与班戈县、双湖县搭界，北靠青海省格尔木市，是西藏的北大门。

◇地貌：安多县地形属高原山川类型。以唐古拉山主脉为脊，无数大小山峰逶迤连绵，高低起伏。北有唐古拉山、可可西里山和祖尔肯乌拉山，中部有托尔火山，南部有桑卡等山脉，地形呈中间高南北低，且西高东低之势，由中部唐古拉山主脉的6600米逐渐下降到北部的4700多米和南部的4500多米，形成"屋脊"状。

◇气候：安多县属高原亚寒带半湿润季风气候区。空气稀薄，昼夜温差大，四季不分明，多风雪天气。无绝对无霜期。年日照时数为2847小时。自然灾害主要有雪灾、旱灾、风灾、冻灾、涝灾、冰雹等。县城年平均气温－2.8℃，最冷的1月平均气温－14.6℃，最热的7月平均气温7.8℃。年大风日数在200天以上。

◇水文：安多县年降水量为436毫米。境内主要有三条水系，即长江源流水系、怒江源流水系和色林错源流水系。主要河流有尕尔丁曲、加木采曲等。境内湖泊星罗棋布、河流交汇纵横，较大的湖泊有措那湖、兹格塘错、懂错、蓬错等。

③生态环境。

安多县生态环境以高原山川为主，是一个纯牧业大县，也是天然的野生动物王国。安多县地域辽阔，海拔高，地形复杂，草原辽阔，河湖众多，冰川纵横，气候独特，蕴藏着丰富的自然资源。

④自然资源。

◇植物：主要植物有矮蒿草、昆仑蒿、西藏微孔草、紫花针茅，安多县人工栽培牧草的主要草种为青稞和燕麦。

◇动物：安多县常见的野生动物有野牦牛、藏野驴、藏羚羊、藏原羚、藏狐、西藏鼠兔等。其中，藏野驴、藏羚羊、野牦牛是青藏高原特有的珍稀种类，有很高的经济价值和观赏价值，均属国家级重点保护野生动物。主要鸟类可分鸠鸽种类、雁鸭种类和雉科种类，闻名世界的藏雪鸡、黑颈鹤、白天鹅，在安多县所辖的草原常能看到。安多县鱼类丰富。著名的措那湖境内主要有裂腹鱼、亚科鱼类。多玛绵羊是安多县的特色畜种。

◇矿产：安多县已发现的矿产达30种以上，主要有煤、铁、铬铁、铜、锌、锑、钼、砂金、岩金、硼砂、铂、银、水晶石、玉石、石膏、云母、盐、石油等。大部分矿物储量均属国内各县首位，且品位高、易开采。

安多夜景

（2）那曲市

那曲市，西藏自治区下辖的地级市，位于西藏北部唐古拉山脉、念青唐古拉山脉和冈底斯山脉之间，地处青藏高原腹地，是长江、怒江、拉萨河、易贡藏布等大江大河的源头。那曲市东西长约1156千米，南北宽约760千米，东连昌都市，西接阿里地区，南与拉萨市、林芝市为邻，北与青海省接壤。总面积36.97万平方千米。根据第七次全国人口普查结果，那曲市常住人口约50万人。

那曲是全国五大牧区的重要组成部分，素有"江河源""中华水塔"的美誉，总体上属欠发达、落后地区。

①历史沿革。

7世纪前后，那曲地区的东部归属苏毗部落。后来，吐蕃部落统一全藏，建立吐蕃王朝，藏北被纳入其统治。

宋朝，那曲和羊八井、帮仓（今当惹湖和昂则湖一带）、朗如（今班戈县一带）被称作北方四部落。

17世纪至18世纪初，属和硕特蒙古政权，并在腾格里湖（纳木措）驻扎蒙古骑兵以震慑全藏。

清乾隆十六年（1751年），那曲建立坎囊宗，隶属新建的西藏地方政府噶厦管辖。

1950年10月，昌都地区和那曲地区东部解放。

1953年1月，中国共产党西藏工作委员会黑河分工委成立。

1956年10月9日，西藏自治区筹备委员会设立黑河基巧办事处。那曲隶属黑河基巧办事处管辖。

1959年，西藏自治区筹备委员会对藏北的行政区划作出重大调整，撤销各地基巧办事处，设立行政公署。

1960年1月，国务院批准"黑河地区"改名为"那曲地区"。

1965年，更名为那曲行署。

1970年，改称那曲地区，那曲县由那曲地区管辖。

2017年10月，撤销那曲地区和那曲县，设立地级那曲市和色尼区。

②地理环境。

◇位置：那曲市位于西藏自治区北部，北与青海省接壤，西北与新疆维吾尔自治区毗邻。地理坐标为东经83°55′～95°5′、北纬29°55′～36°30′。

◇地貌：位于唐古拉山脉、念青唐古拉山脉和冈底斯山脉之间。中部属高原丘陵地形，多山，但坡度较为平缓，大多数山呈浑圆状。西北部海拔较高，由于地处念青唐古拉山脉的分支山脉或余脉，山峰较多，地势险峻，高差显著，海拔均在5500米以上，最高的桑顶康桑山，海拔约6500米。北部属唐古拉山区域，系典型的高原山川地形，呈不规则椭圆形。这一地区的山脉由东向西延伸，主要有唐古拉山脉、托尔久（小唐古拉）山脉、桑卡岗（申格里贡山）山脉。东部属高原山地，海拔为3800～4500米，平均海拔约4100米，地势自西北向东南呈倾斜状，海拔渐次降低。该地区西部海拔4400多米，多低山丘陵；东部海拔3800多米，多高山峻岭。因地形较为复杂，区域内除少量地区有部分高山草原外，其余均高山突兀，山势险峻，高山与高山之间形成深深的峡谷，谷底与山顶之间的高差多在1000米以上。南部属藏北高原与藏东高山峡谷交会地带，部分地区海拔在5000米以上，属

高原丘陵；部分地区高山突兀，山势陡峻，高山与高山间形成狭长的深谷；在邻近林芝的地方，海拔急剧下降，仅3000米左右，分布有较大块的谷地平原。

◇气候：那曲市属亚寒带气候区，高寒缺氧，气候干燥，多大风天气，年平均气温为 -3.3～-0.9℃，年相对湿度为48%～51%，年降水量380毫米，年日照时数为2852.6～2881.7小时，全年无绝对无霜期。每年的11月至次年的3月，是干旱的刮风期，在这期间气候干燥，温度低，缺氧，风沙大，持续时间长；5—9月相对温暖，是草原的黄金季节，在这期间气候温和，风和日丽，降雨量占全年的80%。绿色植物生长期全年约为100天。

③生态环境。

那曲市生态环境以高原丘陵为主。那曲天气寒冷、温差大、平均海拔高、紫外线强、风沙多、永久冻土层厚等六大自然因素，严酷地制约着植物的成活和生长。

那曲市平均海拔约4500米，气候恶劣，此前是中国为数不多没有树木的城市。2016年，科技部启动"那曲地区城镇植树关键技术研发与绿化模式示范项目"，由内蒙古库布其治沙企业亿利集团带队，联合多家科研单位在那曲发起"绿色挑战"。截至2021年，约75%的树木成功越过了5个冬天，破解了海拔4500米以上植树技术难题。

④自然资源。

◇水资源：那曲市的水资源主要来源于地表水资源、地下水资源、冰川水资源和大气降水，水能蕴藏量十分丰富，地表水资源总量约540亿立方米，地下水资源总量约251亿立方米，冰川水资源总量约88亿立方米。那曲被称为江河源、中华水塔、高原水库。

◇矿产：那曲市铁、铬、金、锑、铅、锌、铜、硼、锂、石盐、石膏等矿产储量大，资源优势明显。石油、天然气、油页岩等潜在资源丰富。截至2009年底，全地区累计发现矿产55种，矿产地矿床、矿点等338处。

◇植物：那曲市野生植物主要有以虫草、贝母、雪莲花为主的多种草药和少量的灌木林。虫草年产量2000千克，贝母年产量500千克。

◇动物：那曲市主要有野山羊、石羊、獐子、猞猁、野驴、狗熊、狐狸、狼等野生动物。鸟类主要有藏雀、褐背地鸦、野鸡、秃鹰等，此外野鸭、天鹅、黑颈鹤、丹顶鹤等在夏季也光临此地。为了更好地保护野生动物资源，保护生态环境，那曲境内共划定7个野生动物保护区。

◇能源：那曲市能源较丰富，尤其是水能、地热能和太阳能等。查龙电站装机容量10800千瓦，地热电站装机容量4000千瓦。

那曲市中心街道

2.沿途风景

（1）唐古拉山口

唐古拉山是藏区名山，又叫唐拉山或唐拉岭，藏语意为"高原上的山岭"，亦为传说中藏区著名的山神。由于终年风雪交加，号称"风雪仓库"。唐古拉山是青海和西藏的分界线，海拔5231米，位于青藏高原腹部，西接喀喇昆仑山，东连横断山，山口处建有纪念碑及标志碑，是沿青藏公路进入西藏的必经之地，并是长江的发源地。山地间有许多宽大的盆地，是良好的牧场。以雁石坪往南所经过的温泉垭口为界，分为东、西两段，东段属高寒灌丛草甸景观，西段属高寒荒漠景观。在唐古拉山口这段铁路和公路之间，有海拔6022米的巴斯康根峰。在唐古拉山口上伫立，视野比昆仑山口开阔许多。

唐古拉山口

（2）措那湖

措那湖位于西藏自治区安多县境内，面积400多平方千米，是怒江的源头湖，湖面海拔4650米，为藏北高原最大的淡水湖泊。措那湖的东面，青藏铁路与宁静美丽的神湖贴身而过，最近处仅20米。发源于此的怒江、联通河、那曲河养育着沿岸的人民。在蓝天白云和一望无垠的草原的映衬下，夏季清澈碧绿的措那湖显得分外美丽。青丘着意，绿水清漪，鱼儿欢跃，野鸭和候鸟在自由嬉戏。湖中水产丰富，吸引了黑颈鹤、天鹅、野鸭、鸳鸯等国家级重点野生保护动物，绿草如茵的湖边草地则是藏羚羊和藏原羚栖息的家园。

青藏铁路火车

那曲县境内冻土路段

那曲沿线湿地风光

那曲风光

那曲草原

那曲市→拉萨

从那曲出发，经过当雄县到达最终的地点——拉萨，全程317千米。途经纳木措自然保护区、念青唐古拉山、康玛寺、羊八井地热电站等。该段主要地形为高山峡谷，主要植被类型为高山草甸和高寒灌丛，途经中国第三大咸水湖——纳木措湖。

1.行政区域

（1）当雄县

当雄，藏语意为"挑选的草场"，隶属于西藏自治区，位于西藏自治区中部，藏南与藏北的交界地带。当雄县面积10230平方千米，全县总人口54663人。辖2个镇6个乡，县政府驻当曲卡镇。

①**历史沿革**。

唐贞观元年（627年），松赞干布统一吐蕃后，当雄属于五茹之一的茹拉管辖。

元中统元年（1260年），忽必烈统一西藏，当雄白仓划归乌思（卫藏）辖。

元至正十四年（1354年），弟司政权建立时期，设为当雄蒙古八旗部落，白仓为第巴。

清乾隆十六年（1751年），清朝将丹木蒙古八旗划归驻藏大臣直接管辖。

1912年，清朝灭亡，当雄地区划归色拉寺俄巴扎仓管辖，建立了两级宗政权。

1956年至1959年4月，当雄宗、白仓第巴、羊八井头人划归拉萨市管辖。

1959年9月，当雄宗、白仓第巴、羊八井头人合并成立当雄县人民政府。

1997年，当雄县政府驻当曲卡镇至今。

②**地理环境**。

◇位置：当雄县位于西藏自治区中部，藏南与藏北的交界地带，拉萨市北部，距拉萨市170千米。地理坐标为东经90°45′～91°31′，北纬29°31′～31°04′。

◇地貌：当雄县地貌复杂。念青唐古拉山脉的西北部横穿全境，海拔7111米的主峰位于当雄县宁中乡境内，总地势由西北向东南倾斜，东北部为高原平原，西北部和东南半壁皆为高峻山地，其间夹着与念青唐古拉山走向一致的山间构造宽谷盆地，呈现出岭谷平行相间的较有规则的条状地形。盆地海拔都在4200米以上，山地海拔最高为念青唐古拉主峰，有7111米，二者相对高差3000米左右。在北部高原平原上，有西藏第一大湖——纳木措湖。地貌分为四个地貌单元——西北部冰蚀高山、极高山，东部高寒中山，北部高原湖盆地和中部洪积宽谷盆地。境内草原面积占总面积的30%。

◇气候：受大气环流和地形影响，当雄县气候的主要特点为：冬季寒冷、干燥，昼夜温差大；夏季温暖湿润，雨热同期，干湿季分明，天气变化大。年平均气温1.3℃，无霜期仅62天，牧草生长期90～120天。

◇水文：当雄县年均降雨量456.8毫米。水域面积19.61万亩，冰川积雪面积19.05万亩。当雄县水资源由地表水和地下水构成，地表径流量年平均23.9亿立方米，永久积雪储量252.2亿立方米，湖泊面积7.61万公顷。其中，纳木措湖储水量228.09亿立方米，羊八井地热温泉涌水量为1000立方米/秒。

③**生态环境**。

当雄县生态环境以高原、山地、盆地为主，高山植物丰富，冬虫夏草、雪莲花和红景天产量多。在草甸、河漫滩附近生长着营养价值极高的蕨麻，也是当地人喜爱的食物之一。路边到处可以看到牦牛和绵羊在觅食。土壤主要类型有高山寒漠土、粗骨土、草甸土、草原土，亚高山草原土、沼泽土等。

当雄县草原风光

念青唐古拉山

当雄县内青藏公路两旁牧场

④自然资源。

◇矿产：当雄县境内矿产资源有砂锡、铅锌、玉石、高岭土、石膏、火山灰、石灰石、水晶石、硫黄、泥炭等，其中以羊八井热田和羊易热田最为著名，已探明并开采的矿产资源有县属乌玛乡的石膏矿，储量1亿吨以上，还有高岭土、火山灰、铝锡、铅锌矿和以铜矿为主的稀有金属矿。

◇植物：当雄县是纯牧业县，草地植物资源丰富，有冬虫夏草、贝母、雪莲花、红景天、龙胆花、麻黄、甘遂、黄芪等。天然草场总面积693172.1公顷，林地6661.8公顷。

（2）拉萨

①历史沿革。

拉萨，史称"逻些"，是我国历史文化名城。

7世纪，松赞干布统一全藏，将政治中心从山南迁到拉萨，后历经千年发展，逐步形成了西藏的政治、经济、文化、宗教中心。

1951年，西藏和平解放。

1960年1月，设立拉萨市。

1965年9月，西藏自治区成立，拉萨市成为自治区首府。

拉萨市素有"日光城"的美誉，是国务院公布的首批24个历史文化名城之一。全市有国家级自然保护区2个、国家级森林公园2个；全市重点文物保护单位389处，其中全国重点文物保护单位18处（含世界文化遗产1处3点）、自治区级重点文物保护单位108处、市级重点文物保护单位54处、县级重点文物保护单位209处。

拉萨远眺

②地理环境。

◇位置：拉萨市位于西藏自治区东南部，雅鲁藏布江支流拉萨河北岸，地理坐标为东经91°06′、北纬29°36′。全市行政区域东西跨距277千米，南北跨距202千米，总面积29640平方千米。

◇地貌：拉萨位于青藏高原的中部，海拔3650米，地势北高南低，由东向西倾斜，中南部为雅鲁藏布江支流拉萨河中游河谷平原，地势平坦。在拉萨以北100千米处，屹立着念青唐古拉山，北沿是纳木措湖，山顶海拔7117米。唐古拉山口海拔5231米，是青海省和西藏自治区天然分界线，也是青藏线109国道的最高点。

◇气候：拉萨市地处喜马拉雅山脉北侧，受下沉气流的影响，全年多晴朗天气，降雨稀少，冬无严寒，夏无酷暑，属高原温带半干旱季风气候。历史最高气温29.6℃，最低气温－16.5℃，年平均气温7.4℃。降雨集中在6—9月，多夜雨，降水量200～510毫米。太阳辐射强，空气稀薄，气温偏低，昼夜温差较大，冬春寒冷干燥且多风。年无霜期100～120天，全年日照时数3000小时以上，素有"日光城"的美誉。

◇水文：拉萨河是拉萨市的母亲河，发源于念青唐古拉山南麓嘉黎里彭措拉孔马沟。流经那曲、当雄、林周、墨竹工卡、达孜、城关、堆龙德庆，至曲水县，是雅鲁藏布江中游一条较大的支流，全长495千米，流域面积31760平方千米；最大流量2830立方米/秒，最小流量20立方米/秒，年平均流量287立方米/秒；海拔由源头5500米降到河口3580米。此河属于融雪和降雨类型，水量随着温度和降水量而变化。

拉萨全貌

③生态环境。

拉萨北部当雄全县和尼木、堆龙德庆、林周、墨竹工卡部分地区属藏北草原南沿，水草丰美，牧业兴旺，盛产牛羊肉类、酥油和牛绒、羊毛；中部是著名的拉萨河谷；南部属雅鲁藏布江中游，为西藏较好的农业区之一，盛产青稞、小麦、油菜籽和豆类，"拉萨一号"蚕豆更是饮誉中外的优良品种。拉萨周围遍布具有经济价值和医疗作用的地热温泉，堆龙德庆区的曲桑温泉、墨竹工卡县的德仲温泉享誉整个西藏。

布达拉宫

俯瞰拉萨

2.沿途风景

（1）纳木措湖

当雄县北部有西藏第一大湖——纳木措湖，面积1920平方千米，是一个令人神往的地方。纳木措蒙语称作"腾格里海"，是天湖的意思。它依偎在终年积雪的念青唐古拉山山脚下，是西藏高原著名的神湖。

（2）藏北八塔

藏北八塔位于当雄县乌玛乡境内，距离县城40多千米。相传当年格萨尔王率兵在藏北草原上驰骋征战，他麾下的大将夏巴丹玛香察在乌玛战死，当地的人们为了纪念英雄，在此地修建了8座白塔，保留至今仍完好无损。

（3）布达拉宫

布达拉宫位于西藏自治区首府拉萨市区西北的玛布日山上，是一座宫堡式建筑群，最初是因吐蕃王朝赞普松赞干布为迎娶尺尊公主和文成公主而兴建。于17世纪重建后，成为历代达赖喇嘛的冬宫居所，为西藏政教合一的统治中心。1961年，布达拉宫被国务院列为第一批全国重点文物保护单位之一。1994年，布达拉宫被列为世界文化遗产。布达拉宫的主体建筑为白宫和红宫两部分。

（4）大昭寺

大昭寺，又名"祖拉康""觉康"（藏语意为"佛殿"），位于拉萨老城区中心，是一座藏传佛教寺院，由吐蕃王朝赞普松赞干布建造。寺庙最初被称为"惹萨"，后来惹萨又成为这座城市的名称，并演化成当下的"拉萨"。大昭寺建成后，经过元、明、清历朝屡次修改、扩建，才有了现今的规模。

大昭寺已有1300多年的历史，在藏传佛教中拥有至高无上的地位。大昭寺是西藏现存的吐蕃王朝时期的最辉煌的建筑，也是西藏最早的土木结构建筑，并且开创了藏式平川式的寺庙布局规式。环大昭寺内中心的释迦牟尼佛殿一圈称为"囊廓"，环大昭寺外墙一圈称为"八廓"，大昭寺外辐射出的街道叫"八廓街"，即八角街。以大昭寺为中心，将布达拉宫、药王山、小昭寺包括进来的一大圈称为"林廓"。这从内到外的三个环形，便是西藏群众行转经仪式的路线。

（5）罗布林卡

　　罗布林卡位于西藏拉萨西郊，始建于18世纪。建筑以格桑颇章、金色颇章、达登明久颇章为主体，有房374间，是西藏人造园林中规模最大、风景最佳、古迹最多的园林。罗布林卡四面都有门，东面是正门。康松思轮是正面最醒目的一座阁楼，它原是一座汉式小木亭，后改修为观戏楼，东边又加修了一片便于演出的开阔场地，专供达赖喇嘛看戏用。它旁边就是夏布甸拉康，是举行宗教仪式的场所。它的北侧设有噶厦的办公室和会议室。

拉萨之肺——拉鲁湿地国家级自然保护区

大昭寺

拉萨街景——八廓商城

青藏线野生动物基本介绍

1.鸟纲

（1）血雉

学名：*Ithaginis cruentus*

英文名：Blood Pheasant

系统位置：鸡形目 Galliformes 雉科 Phasianidae

基本信息：大中型鸡类，体长37～47厘米。头有羽冠，雄鸟体羽主要为污灰色，细长而松软，呈披针形。颈淡土灰色，具宽的白色羽干纹；胸部尾羽宽，具宽阔的绯红色羽缘；脚橙红色，常具两个短距。雌鸟大都暗褐色。

生态习性：栖息于雪线附近的高山针叶林、混交林及杜鹃灌丛中，多在海拔1700～3000米地带活动。有明显的季节性垂直迁徙现象，夏季有时可上到海拔3500～4500米的高山灌丛地带，冬季多在海拔2000～3000米的中低山和亚高山地区越冬。常成几只至几十只的群体活动。通常天一亮就开始活动，一直到黄昏，中午常在岩石上或树荫处休息。白天主要在林下地上活动，晚上到树上休息。

食性：以植物性食物为主，用嘴啄食，常常边走边啄，啄食速度快，很少用嘴和脚刨土取食。春季和冬季以各种树木的嫩叶、芽苞、花絮为食，夏季和秋季主要以各种灌木和草本植物的嫩枝、嫩叶、浆果、果实和种子为食，也吃苔藓、地衣和部分动物性食物（如蜗牛、马陆、蜈蚣、蜂蛛），以及各种昆虫的幼虫。

繁殖：繁殖期4—7月。通常在3月末4月初群体即分散开来，并出现求偶行为和争偶现象。一雌一雄制，雌雄鸟常成对活动，相距较近。通常营巢于亚高山或高山针叶林和混交林中，巢较密集。

分布区与保护：分布于西藏、四川，南至云南西北部，北达青海和甘肃的祁连山脉以及陕西南部秦岭等地。

（2）斑头雁

学名：*Anser indicus*

英文名：Bar-headed Goose

系统位置：雁形目 Anseriformes　鸭科 Anatidae

基本信息：中型雁类，体长62～85厘米，体重2～3千克。通体大都灰褐色，头和颈侧白色，头顶有两道黑色带斑。

生态习性：在高原湖泊繁殖，尤喜咸水湖，也选择淡水湖和开阔而多沼泽地带。在低地湖泊、河流和沼泽地越冬。性喜集群，繁殖期、越冬期和迁徙季节，均成群活动。性机警，见人走近即高声鸣叫，并立即飞到离入侵者较远的地方。主要以陆栖为主，多数时间生活在陆地上，善行走。

食性：主要以禾本科和莎草科植物的叶、茎，青草和豆科植物的种子等植物性食物为食，也吃贝类、软体动物和其他小型无脊椎动物。多于黄昏和晚上在植物茂密、人迹罕至的湖边和浅滩多水草的地方觅食，冬季也到农田中觅食。

繁殖：通常在3月末4月初进入繁殖地。多成小群迁来，在湖边草地或湖中未融化的冰块上成群活动，并逐渐形成对和在群中出现追逐行为。4月初对已基本形成，开始出现交配活动。通常在人迹罕至的湖边或湖心岛上营巢，也在悬崖和矮树上营巢，常呈现密集的群巢。

分布区与保护：分布于青海、西藏的沼泽和湖泊，冬季迁至我国中部及南部地区。

（3）赤麻鸭

学名：*Tadorna ferruginea*

英文名：Ruddy Shelduck

系统位置：雁形目 Anseriformes　鸭科 Anatidae

基本信息：体型较大，体长51～68厘米，体重约1.5千克，比家鸭稍大。全身赤黄褐色，翅上有明显的白色翅斑和铜绿色翼镜；嘴、脚、尾黑色；雄鸟有一黑色颈环。飞翔时黑色的飞羽、尾、嘴和脚，黄褐色的体羽和白色的翼上和翼下覆羽形成鲜明的对照。

生态习性：栖息于江河、湖泊、河口、水塘及其附近的草原、荒地、沼泽、沙滩、农田和平原疏林等各类生境中，尤喜平原上的湖泊地带。主要在内陆淡水湖生活，有时也见于海边沙滩和咸水湖区及远离水域的开阔草原。性机警，人难以接近。

食性：主要以水生植物的叶、芽、种子，农作物幼苗，谷物等植物性食物为食，也以昆虫、甲壳动物、软体动物（如虾、水蛭、蚯蚓、小蛙和小鱼）等动物性食物为食。多在黄昏和清晨觅食，有时白天也觅食，特别是秋冬季节。

繁殖：繁殖期成对生活，非繁殖期以家族群和小群生活，有时也集成数十只甚至近百只的大群。赤麻鸭2龄时性成熟。通常一年繁殖一次，偶有一年繁殖两次的。繁殖期4—6月。通常在开阔的平原繁殖，也发现在海拔5700米的西藏高山上繁殖的情况。营巢于开阔平原草地上的天然洞穴或其他动物的废弃洞穴、墓穴以及山间和湖泊岛屿上的土洞、石穴中。

分布区与保护：分布于青海、西藏各地，为冬候鸟或旅鸟。

（4）绿头鸭

学名：*Anas platyrhynchos*

英文名：Mallard

系统位置：雁形目 Anseriformes　鸭科 Anatidae

基本信息：体型似家鸭。雄鸭头和颈辉翠绿色，颈基具一白色领环；上背灰白，满布暗褐色波形细纹，羽缘棕褐色；下背至尾上覆羽由黑褐转呈亮黑色；胸栗色，下体余部灰白；翼镜紫蓝色，缘以白色宽边；中央两对尾羽绒黑，末端向上卷曲。雌鸭背面黑褐色，具浅棕色宽边；腹浅棕色，满布暗褐色点斑；翼镜与雄鸟相似；嘴端暗棕黄。雌鸟与斑嘴鸭相似，但嘴端无黄斑。

生态习性：主要栖息于水生植物丰富的湖泊、河流、池塘、沼泽等水域中，冬季和迁徙期亦出现于开阔的湖泊、水库、江河、沙洲、海岸附近沼泽地和草地。除繁殖期外成群活动，特别是在迁徙和越冬期，常集成数十、数百甚至上千只的大群，或游于水面，或栖息于水边沙洲、岸上。

食性：杂食性，主要以野生植物的叶、芽、茎，水藻和种子等植物性食物为食，也吃软体动物、甲壳类、水生昆虫等动物性食物，秋季迁徙期和越冬期也常到收割后的农田吃散落在地上的谷物。多在清晨和黄昏觅食。

繁殖：冬季在越冬地时即已配成对，1月末2月初即见求偶行为，3月中下旬大都已经结合成对，繁殖期4—6月。在湖泊、河流、水库、池塘等水域岸边的草丛中或倒木下的凹坑处营巢，也在蒲草和芦苇滩中、河岸岩石上、大树的树杈间和农民的苞米楼上营巢，营巢环境极为多样。

分布区与保护：常见于青藏高原。

（5）凤头䴙䴘

学名：*Podiceps cristatus*

英文名：Great Crested Grebe

系统位置：䴙䴘目 Podicipediformes　　䴙䴘科 Podicipedidae

基本信息：中等游禽，是䴙䴘中个体最大者。体长45～48厘米，体重0.5～1千克。嘴长而尖，从嘴角至眼有一黑线；颈较细长，向上伸直，与水面常保持垂直的角度。夏羽头侧至颈部白色，前额至头顶黑色，并具两束黑色冠羽；耳区至头顶和喉有由长的饰羽形成的皱领，其基部棕栗色，端部黑白两色；后颈至背黑褐色；前颈、胸和其余下体白色；两胁棕褐色。

生态习性：繁殖期主要栖息于开阔的平原、湖泊、江河、水塘、水库和沼泽地带，尤喜富有挺水植物和鱼类的湖泊和水塘；冬季则多栖息在沿海海湾、河口、大的内陆湖泊、水流平缓的河流和沿海沼泽地带。常成对和成小群在开阔的水面活动。善游泳和潜水，游泳时颈向上伸得很直，和水面保持垂直的角度。

食性：主要以各种鱼类为食，也吃昆虫及其幼虫，甲壳类（如虾、蝲蛄），软体动物等水生无脊椎动物，偶尔也吃少量水生植物。

繁殖：繁殖期5—7月，通常营巢于距明水面不远的芦苇丛和水草丛中。成对分散营巢或成小群聚集营巢，巢属浮巢。

分布区与保护：分布于西藏、青海各地。

（6）岩鸽

学名：*Columba rupestris*

英文名：Blue Hill Pigeon

系统位置：鸽形目 Columbiformes　　鸠鸽科 Columbidae

基本信息：中型鸟类，体长29～35厘米。体型大小和羽色均与家鸽相似，头和颈的上部暗灰色，颈下部、背和胸上部有闪亮的绿色和紫色，翅上有两道不完整的黑色横斑，下背白色，尾中部具宽阔的白色横带。

生态习性：主要栖息于山地岩石和悬崖峭壁处，最高可达海拔5000米以上的高山和高原地区。常成群活动，多结成小群到山谷和平原田野中觅食，有时也结成近百只的大群。性较温顺，不甚怕人。叫声"咕咕"，和家鸽相似，鸣叫时频频点头。

食性：主要以种子、果树、球茎、块根等植物性食物为食，也吃麦粒、青稞、谷粒、玉米、豌豆等农作物种子。

繁殖：繁殖期4—7月。营巢于人类难以到达的山地岩石缝隙和悬崖峭壁洞中，也在平原地区古塔顶部和高的建筑物上营巢。巢由细枯枝、枯草和羽毛构成，呈盘状。每窝通常产卵2枚，1年或繁殖2窝。雌雄亲鸟轮流孵卵，孵化期18天。雏鸟晚成性。

分布区与保护：分布于青海、西藏各地。

（7）灰鹤

学名：*Grus grus*

英文名：Common Crane

系统位置：鹤形目 Gruiformes　鹤科 Gruidae

基本信息：大型涉禽，体长100～120厘米。颈、脚均甚长，全身羽毛大都灰色，头顶裸出皮肤鲜红色，眼后至颈侧有一灰白色纵带，脚黑色。

生态习性：栖息于开阔平原、草地、沼泽、河滩、旷野、湖泊及农田地带，尤其喜欢在富有水生植物的开阔湖泊和沼泽地带活动。常成群活动，性机警，胆小怕人。飞行时排成"V"形或"人"字形，头、颈向前伸直，脚向后伸直。栖息时常一只脚站立，另一只脚收于腹部。

食性：主要以植物叶、茎、嫩芽、块茎以及草籽、玉米、谷粒、马铃薯、白菜、软体动物、昆虫、蛙、蜥蜴、鱼类等为食。

繁殖：繁殖期4—7月。通常营巢于草地中干燥地面上，巢主要由枯枝、叶、芦苇和草茎堆集而成。

分布区与保护：灰鹤是我国珍贵的观赏鸟类，已被列入《国家重点保护野生动物名录》，属国家二级保护鸟类。

（8）黑颈鹤

学名：*Grus nigricollis*

英文名：Black-necked Crane

系统位置：鹤形目 Gruiformes　鹤科 Gruidae

基本信息：大型涉禽，体长110～120厘米。颈、脚甚长，通体灰白色，眼先和头顶裸露皮肤暗红色，头和颈黑色，尾和脚亦为黑色。特征甚明显，在野外容易被识别。

生态习性：栖息于海拔3000～5000米的高原草甸沼泽地带和芦苇沼泽地带以及湖滨草甸沼泽地带和河谷沼泽地带。除繁殖期常单独、成对或成家族群活动外，其他季节多成群活动，特别是冬季在越冬地，常成数十只的大群活动。从天亮开始活动，一直到黄昏，大部分时间用于觅食。中午多在沼泽边或湖边浅滩处休息，休息时一脚站立，将嘴插于背部羽毛中。

食性：主要以植物叶、根茎、荆三棱、块茎及水藻、玉米、砂粒为食。

繁殖：繁殖期5—7月。一雌一雄制。通常在3月中下旬到达繁殖地后，即开始求偶和配对。通常营巢于四周环水的草墩上或茂密的芦苇丛中，巢甚简陋，主要由就近收集的枯草构成，雏鸟早成性，孵出当日即能行走。

分布区与保护：黑颈鹤是珍稀濒危鸟类，主要繁殖于青藏高原、甘肃、四川，于云贵高原越冬。在四川分布于宜宾、甘孜、阿坝、凉山、雅安等地。目前，国际鸟类保护委员会已将黑颈鹤列入世界濒危鸟类红皮书，我国亦将黑颈鹤列入《国家重点保护野生动物名录》，属国家一级保护鸟类。

（9）黑翅长脚鹬

学名：*Himantopus himantopus*

英文名：Black-winged Stilt

系统位置：鸻形目 Charadriiformes　反嘴鹬科 Recurvirostridae

基本信息：中型涉禽，体长29～41厘米。脚特别长而细，粉红色。嘴稍长而细尖，黑色。雄鸟夏季从头顶至背，包括两翅在内为黑色。背、肩具绿色金属光泽。雌鸟和雄鸟大致相似，但头顶至后颈多为白色，通体除背、肩和两翅外，全为白色。冬季雌雄鸟羽色相似，通体除背、肩、翅上、翅下为黑色外，全为白色。

生态习性：栖息于开阔平原草地中的湖泊、浅水塘和沼泽地带，非繁殖期亦出现于河流浅滩、水稻田、鱼塘和海岸附近的淡水或咸水水塘和沼泽地带。常单独、成对或成小群在浅水中或沼泽地上活动，非繁殖期常集成较大的群活动。行走缓慢，步履稳健，姿态优美，但在奔跑和有风时显得笨拙。性胆小而机警，当有干扰者接近时，常不断点头示威，然后飞走。起飞容易，飞行亦较快。

食性：主要以软体动物、甲壳类、环节动物、昆虫及其幼虫以及小鱼、蝌蚪等动物性食物为食。常在水边浅水处、小水塘和沼泽地带以及水边泥地上觅食。单独或成对觅食，偶尔也见成松散的小群觅食。觅食方式主要是边走边在地面或水面啄食，或通过疾速奔跑追捕食物。有时将嘴插入泥中探觅食物，有时也进到齐腹深的水中将头浸入水中觅食。

繁殖：繁殖期5—7月。营巢于开阔的湖边沼泽地、草地或湖中露出水面的浅滩及沼泽地上。常成群一起营巢，有时亦与其他水禽混群营巢。巢呈碟状，主要由芦苇茎、叶和杂草构成。雌雄轮流孵卵，孵化期16～18天。孵化期如遇干扰，巢区所有鸟均起飞到干扰者头顶上空盘旋、鸣叫，时飞时落，驱赶干扰者。

分布区与保护：分布于青海、西藏各地。

（10）白腰草鹬

学名：*Tringa ochropus*

英文名：Green Sandpiper

系统位置：鸻形目 Charadriiformes　鹬科 Scoiopacidae

基本信息：小型涉禽，体长20～24厘米，是一种黑白两色的内陆水边鸟类。夏季上体黑褐色，具白色斑点。腰和尾羽白色，尾具黑色横斑。下体白色，胸具黑褐色纵纹。冬季颜色较灰，胸部纵纹不明显，为淡褐色。飞翔时翅上、翅下均为黑色，腰和腹为白色。

生态习性：主要栖息于山地或平原森林中的湖泊、河流、沼泽和水塘附近。常单独或成对活动。

食性：主要以蠕虫、虾、蜘蛛、小蚌、田螺、昆虫、昆虫幼虫等小型无脊椎动物为食，偶尔也吃小鱼和稻谷。

繁殖：繁殖期5—7月。通常营巢于森林中的河流、湖泊岸边或林间沼泽地带。

分布区与保护：数量较多，广泛分布。

（11）矶鹬

学名：*Actitis hypoleucos*

英文名：Common Sandpiper

系统位置：鸻形目 Charadriiformes　鹬科 Scoiopacidae

基本信息：小型鹬类，体长16～22厘米。嘴、脚均较短，嘴暗褐色，脚淡黄褐色，头具白色眉纹和黑色过眼纹。上体黑褐色，下体白色，并沿胸侧向背部延伸，翅折叠时翼角前方呈现显著的白斑，站立时不住地点头、摆尾。

生态习性：栖息于低山丘陵和山脚平原一带的江河沿岸、湖泊、水库、水塘岸边。夏季亦常沿林中溪流进入高山森林地带活动。常单独或成对活动，非繁殖期亦成小群。

食性：主要以鞘翅目、直翅目、夜蛾、蝼蛄等昆虫为食，也吃螺、蠕虫等无脊椎动物和小鱼、蝌蚪等小型脊椎动物。

繁殖：繁殖期为5月初至7月末。常营巢于江河岸边沙滩草丛中。

分布区与保护：数量较多，广泛分布。

（12）黑鹳

学名：*Ciconia nigra*

英文名：Black Stork

系统位置：鹳形目 Ciconiiformes　鹳科 Ciconiidae

基本信息：大型涉禽，体长100～120厘米，体重2～3千克，在地上站立时身高近1米。头、颈、脚均甚长，上体黑色，下体白色，嘴和脚红色。

生态习性：繁殖期栖息在偏僻而无干扰的开阔森林及森林河谷与森林沼泽地带，也常出现在荒原和荒山附近的湖泊、水库、水渠、溪流、水塘及沼泽地带；冬季主要栖息于开阔的湖泊、河岸和沼泽地带，有时也出现在农田和草地。性孤独，常单独或成对活动，有时也成小群活动。白天活动，晚上多成群栖息在水边沙滩或水中沙洲上。不善鸣叫，活动时悄然无声。性机警而胆小，听觉、视觉均很发达，当人还离得很远时就凌空飞起。在地面起飞时需要先在地面奔跑一段距离，用力扇动两翅才能飞起，善飞行，能在浓密的树枝间飞翔前进；飞翔时头颈向前伸直，两脚并拢，远远伸出于尾后。在地上行走时跨步较大，步履轻盈。休息时常单脚或双脚站立于水边沙滩上或草地上，缩脖成驼背状。

食性：主要以鱼类和水生昆虫为食。通常在干扰较少的河渠、溪流、湖泊、水塘、农田、沼泽和草地上觅食。

繁殖：繁殖期4—7月。通常营巢于森林中河流两岸的悬崖峭壁上。巢距水域等觅食地一般都在2千米以上，在荒原多营巢在距最近的湖泊和水库均在7千米以外的地方。在荒山地区则多营巢在被雨水急剧冲刷的干河或深沟两壁悬岩上。通常成对或单独营巢，巢甚隐蔽，不易被发现。3月初至4月中旬开始营巢，巢间距最近2000～3000米。如果当年繁殖成功和未被干扰，则该巢第二年还将被继续利用，但每年都要重新对其进行修补和增加新的巢材，因此巢随使用年限的增加而变得愈来愈庞大。

分布区与保护：分布于青海西宁和青海东北部，属国家一级保护鸟类。

（13）胡兀鹫

学名：*Gypaetus barbatus*

英文名：Lammergeier

系统位置：鹰形目 Accipitriformes　鹰科 Accipitridae

基本信息：大型猛禽，体长100～115厘米。头、颈部裸露，完全被羽，锈白色，有一条宽阔的黑纹经过眼往下到颊；颏部有长而硬的黑毛，形成特有的"胡须"。上体暗褐色或黑色，下体橙皮黄色或皮黄白色，飞翔时两翅窄，长而尖。翼角弯曲向后呈一定角度。尾甚长，呈现明显的楔形尾。

生态习性：生活在高原和高山裸露的岩石地区，在海拔1000～5000米的高山地带活动。性孤独，常单独活动，不与其他猛禽合群。常在山顶或山坡上空缓慢翱翔，头向下低垂，并不断左右活动，紧盯着地面，寻找食物。

食性：主要以大型动物尸体为食，喜食新鲜尸体和骨头，也吃陈腐尸体。有时也猎取水禽、受伤的雉鸡、鹑类和野兔等小型动物。常在裸露的山顶或山坡上空缓慢飞行搜寻食物。除特别饥饿时会为争抢食物赶走正在吃食的猛禽外，一般不和其他猛禽争抢食物，而是在一边等待，其他猛禽吃完后，才去吃剩下的残肉、内脏和骨头。

繁殖：繁殖期2—5月。营巢于高山悬崖岩壁上的大的缝隙和岩洞中。巢为盘状，内面稍凹，主要由枯枝构成，内放枯草、细枝、棉花、废物碎片等。

分布区与保护：分布于青海、西藏各地，数量稀少，已被列入《国家重点保护野生动物名录》，属国家一级保护鸟类。

（14）金雕

学名：*Aquila chrysaetos*

英文名：Golden Eagle

系统位置：鹰形目 Accipitriformes　鹰科 Accipitridae

基本信息：大型猛禽，体长78～105厘米。体羽暗褐色，后头、枕和后颈羽毛尖锐，呈披针形，金黄色；尾较长而圆，灰褐色，具黑色横斑和端斑；跗跖被羽。幼鸟尾羽白色，具宽阔的黑色端斑，飞羽基部亦为白色，在翼下形成一大片的白斑，飞翔时极为醒目。

生态习性：栖息于高山草原、荒漠、河谷和森林地带，冬季亦常到山地丘陵和山脚平原处活动，分布区最高可到海拔4000米以上。白天通常单独或成对活动，冬天有时亦成小群活动。飞行迅速，常沿直线或圈形翱翔于高空，两翅上举呈"V"形，通过柔软而灵活的两翼和尾的变化来调节飞行方向、高度、速度和飞行姿势。

食性：主要捕食大型鸟类和兽类，如雉、鹑、鸭、旱獭、野兔、狍、山羊、鼠兔、松鼠、狐等，有时也吃死尸。

繁殖：繁殖较早。通常营巢于针叶林、针阔叶混交林或疏林内高大的红松和落叶松上，也在杨树和柞树上营巢，也有在悬崖峭壁上营巢的情况。

分布区与保护：分布于西宁、门源、青海湖、喜马拉雅山脉。数量稀少，已被列入《国家重点保护野生动物名录》，属国家一级保护鸟类。

（15）大鵟

学名：*Buteo hemilasius*

英文名：Upland Buzzard

系统位置：鹰形目 Accipitriformes　鹰科 Accipitridae

基本信息：大型猛禽，体长56～71厘米，是我国鵟中个体最大者。体色变化比较大，上体通常为暗褐色，下体白色至棕黄色，具暗色斑纹，尾暗褐色或黑褐色。尾具3～11条暗色横斑，跗跖前面通常被羽。

生态习性：栖息于山地和山脚平原与草原地区，也出现在高山林缘和开阔的山地草原与荒漠地带，垂直分布可达海拔4000米以上的高原山区；冬季也常出现在低山丘陵和山脚平原地带的农田、芦苇沼泽地、村庄甚至城市附近。日出性。通常单独或成小群活动。飞翔时两翼鼓动较慢。天气暖和的时候，常于中午在空中作圈形翱翔。休息时多栖息于地面、山顶、树梢或其他突出物体上。

食性：主要以蛙、蜥蜴、野兔、蛇、黄鼠、鼠兔、旱獭、雉鸡、石鸡、昆虫等动物性食物为食。主要是通过在空中飞翔觅食或站在地上和高处等待猎物。

繁殖：繁殖期5—7月。通常营巢于悬崖峭壁上或树上，巢附近多有小的灌木保护。巢呈盘状，可多年利用，但每年都要补充巢材，因此使用年限久的巢直径可达1米。巢主要由干的树枝构成，内垫有干草、羽毛、碎片和破布等。

分布区与保护：分布于青海、西藏各地。已被列入《国家重点保护野生动物名录》，属国家二级保护鸟类。

（16）高山兀鹫

学名：*Gyps himalayensis*

英文名：Himalayan Griffon

系统位置：隼形目 Falconiformes　鹰科 Accipitridae

基本信息：大型猛禽，体长120～150厘米，体重10千克左右，是我国最大的一种猛禽。头和颈裸露，被有少数污黄色或白色的像头发一样的绒羽，颈基部有长而呈披针形的羽簇，羽色为淡皮黄色或黄褐色。上体和翅上覆羽淡黄褐色，飞羽黑色。下体淡白色或淡皮黄色，飞翔时淡色的下体和黑色的翅形成鲜明对照。幼鸟暗褐色，具淡色羽轴纹。

生态习性：栖息于高山和高原地区，常在高山森林上部苔原森林地带或高原草地、荒漠、岩石地带活动。或是在高空翱翔，或是成群栖息于地上或岩石上，有时也出现在雪线以上的空中。冬季有时也下到山脚地带活动。

食性：主要以腐肉和尸体为食，一般不攻击活动物。视觉和嗅觉都很敏锐，常在高空翱翔盘旋以寻找地面上的尸体，或闻到腐肉的气味而向尸体集中，有时为了争抢食物而互相攻击。在食物贫乏和极其饥饿的情况下，有时也吃蛙、蜥蜴、鸟类、小型兽类和大的甲虫、蝗虫。

繁殖：繁殖期2—5月。于海拔2000～6000米的高山和高原地带繁殖。通常营巢于人难以到达的悬崖岩壁凹处。

分布区与保护：分布于西藏、青海各地，数量稀少，已被列入《国家重点保护野生动物名录》，属国家二级保护鸟类。

（17）红隼

学名：*Falco tinnunculus*

英文名：Common Kestrel

系统位置：隼形目 Falconiformes　隼科 Falconidae

基本信息：小型猛禽，体长31～38厘米。翅狭长而尖，尾亦较长。雄鸟头蓝灰色，背和翅上覆羽砖红色，具三角形黑斑；腰、尾上覆羽和尾羽蓝灰色，尾具宽阔的黑色次端斑和白色端斑；眼下有一条垂直向下的黑色口角髭纹。颏、喉乳白色或棕白色，其余下体乳黄色或棕黄色，具黑褐色纵纹和斑点，脚、趾黄色，爪黑色。雌鸟上体从头至尾棕红色，具黑褐色纵纹和横斑，下体乳黄色，除喉外均被黑褐色纵纹和斑点，具黑色眼下纵纹，脚、趾黄色，爪黑色。幼鸟和雌鸟相似，但斑纹更粗著。

生态习性：栖息于山地森林、森林苔原、低山丘陵、草原、旷野、森林平原、农田和村屯附近各类生境中，尤喜林缘、林间空地、疏林和有稀疏树木生长的旷野、河谷和农田地区。飞翔时两翅快速扇动，偶尔进行短暂的滑翔。休息时多栖于空旷地区的高树梢上或电线杆上。

食性：主要以蝗虫、蚱蜢、吉丁虫、螽斯、蟋蟀等昆虫为食，也吃鼠类、雀形目鸟类、蛙、蜥蜴、松鼠、蛇等小型脊椎动物。在白天觅食，主要在空中觅食，常在地面低空飞行搜寻食物，有时扇动两翅在空中做短暂停留以观察猎物，一经发现，则折合双翅，突然俯冲而下直扑猎物。有时也采用站在山丘岩石高处，或站在树顶和电线杆上等候的方法，等猎物出现在面前时才突然出击。

繁殖：繁殖期5—7月。通常营巢于悬崖、山坡岩石缝隙、土洞、树洞和喜鹊、乌鸦以及其他鸟类在树上的旧巢中。巢较简陋，由枯树枝构成，内垫有草茎、落叶和羽毛。

分布区与保护：分布于青海、西藏各地，目前已被列入《国家重点保护野生动物名录》，属国家二级保护鸟类。

（18）喜鹊

学名：*Pica pica*

英文名：Common Magpie

系统位置：雀形目 Passeriformes　鸦科 Corvidae

基本信息：中型鸦科鸟类，体长38～48厘米。头、颈、胸和上体黑色，腹白色，翅上有一大块白斑。常栖于房前屋后树上，特征明显，容易识别。

生态习性：主要栖息于平原、丘陵和低山地区，在山麓、林缘、农田、村庄、城市公园等人类居住环境附近较常见，是一种喜欢和人类为邻的鸟。除繁殖期成对活动外，常成3～5只的小群活动，秋冬季节常集成数十只的大群活动。白天常到农田等开阔地区觅食，傍晚飞至附近高大的树上休息，有时亦见与乌鸦、寒鸦混群活动。性机警，觅食时常有一鸟负责守卫，即使成对觅食，亦多是分工轮流守候和觅食。飞翔能力较强，且持久，飞行时整个身体和尾成一直线，尾巴稍微张开，两翅缓慢地鼓动着，雌雄鸟常保持一定距离。在地上活动时则以跳跃式前进，鸣声单调、响亮，似"喳喳"声，常边飞边鸣叫。当成群时，叫声甚为嘈杂。

食性：食性较杂，食物组成随季节和环境变化而变化，夏季主要以昆虫等动物性食物为食，其他季节则主要以植物果实和种子为食。常见动物性食物有鳞翅目、鞘翅目、直翅目、膜翅目等昆虫和幼虫，此外也吃雏鸟和鸟卵。植物性食物主要为乔木和灌木等植物的果实和种子，也吃玉米、高粱、黄豆、豌豆、小麦等农作物。

繁殖：繁殖开始较早，在温和地区，一般3月初即开始筑巢繁殖，在东北地区则多在3月中下旬开始繁殖，一直持续到5月。通常营巢于高大乔木上。营巢由雌雄鸟共同承担。

分布区与保护：分布于青海、西藏各地。

（19）秃鼻乌鸦

学名：*Corvus frugilegus*

英文名：Rook

系统位置：雀形目 Passeriformes　鸦科 Corvidae

基本信息：外形、大小和乌鸦相似，体长41～51厘米。通体灰黑色，嘴长直而尖，黑色，基部裸露，呈灰白色。其他乌鸦嘴基不为灰白色，故在野外不难识别。

生态习性：主要栖息于低山、丘陵和平原地区，尤在农田、河流和村庄附近较常见。常成群活动，冬季有时也和其他鸦混合成大群，有时集群多达数百只甚至近千只。晚上多栖息于河岸和村庄附近树林中，清晨成群沿河谷飞到附近农田、路上和垃圾堆上觅食，中午在附近树上休息，傍晚又按原路返回到栖息地树上过夜。活动时伴随着粗犷而单调的叫声，甚为嘈杂，有时边飞边叫，其声似"嘎嘎"。

食性：主要以蝗虫、金龟子、甲虫、蝼蛄等昆虫和昆虫幼虫为食，也食植物果实、种子和农作物，有时甚至吃动物尸体和垃圾。

繁殖：1龄即性成熟，但通常在2龄时才参与繁殖。繁殖期4—7月，也有在3月中上旬即开始营巢的。通常营巢于林缘、河岸、水塘和农田附近的小片树林中，有时也在城镇公园、庙宇和村庄附近高大树上营巢。巢多置于高大乔木顶部枝杈上。结群繁殖，有时在同一棵树上有数个巢。

分布区与保护：分布于青海各地。

（20）大嘴乌鸦

学名：*Corvus macrorhynchos*

英文名：Large-billed Crow

系统位置：雀形目 Passeriformes　鸦科 Corvidae

基本信息：大型鸦类，体长45～54厘米。通体黑色，具紫绿色金属光泽。嘴粗大，嘴峰弯曲，峰嵴明显，嘴基有长羽，伸至鼻孔处。额较陡突。尾长，呈楔状。后颈羽毛柔软松散如发状，羽干不明显。

生态习性：主要栖息于低山、平原和山地阔叶林、针阔叶混交林、针叶林、次生杂木林、人工林等各种森林环境中。除繁殖期成对活动外，其他季节多成3～5只或10多只的小群活动。

食性：主要以蝗虫、金龟甲、金针虫、蝼蛄、蛴螬等昆虫、昆虫幼虫和蛹为食，也吃雏鸟、鸟卵、鼠类、动物尸体以及植物叶、芽、果实、种子等，属杂食性。

繁殖：繁殖期3—6月。营巢于高大乔木顶部枝杈处，距地5～20米。巢主要由枯枝构成，内垫有枯草、树皮、草根、毛发、苔藓、羽毛等柔软物质，呈碗状。3月开始营巢，4月中下旬开始产卵，每窝产卵3～5枚。

分布区与保护：分布于青海东部、西藏南部。

（21）小嘴乌鸦

学名：*Corvus corone*

英文名：Carrion Crow

系统位置：雀形目 Passeriformes 鸦科 Corvidae

基本信息：外形和羽色与大嘴乌鸦相似，体长45～53厘米。雌雄羽色相似，通体黑色，具紫蓝色金属光泽，飞羽和尾羽，具蓝绿色金属光泽，头顶羽毛窄而尖，喉部羽毛呈披针形，下体羽色较上体稍淡。

生态习性：栖息于低山、丘陵和平原地带的疏林及林缘地带，在有的地区繁殖期也上到海拔3500米左右的山地，有时也出现在有零星树木生长的半荒漠地区，在长白山多栖息于山林深处的原始森林，冬季常下到山脚平原和低山丘陵等低海拔地区。除繁殖期单独或成对活动外，其他季节亦少成群或集群不大，通常3～5只。常在河流、农田、耕地、湖泊、沼泽和村庄附近活动，有时也和大嘴乌鸦混群。多在树上或电杆上停息，觅食则多在地面。一般在地上快步或慢步行走，很少跳跃。性机警，和人保持一段距离，人很难靠近它。

食性：杂食性，主要以蝗虫、蝼蛄等昆虫和植物果实、种子为食，也吃蛙、蜥蜴、鱼、小型鼠类、雏鸟、鸟卵、柞蚕、腐虫、动物尸体和农作物。

繁殖：繁殖期4—6月，早的在3月中下旬即开始筑巢。营巢于高大乔木顶端枝杈上，距地8～17米。巢由枯树枝、棘条、枯草等构成，内垫有软的树皮、细草茎、草根和毛。每窝产卵3～7枚，多为4～5枚。雏鸟晚成性，孵出后由雌雄亲鸟共同喂养，经过30～35天的喂养，幼鸟即可离巢。

分布区与保护：在我国分布较广，但种群数量明显较大嘴乌鸦少。

（22）黑冠山雀

学名：*Parus rubidiventris*

英文名：Black-Creasted Tit

系统位置：雀形目 Passeriformes　山雀科 Paridae

基本信息：小型鸟类，体长10～12厘米。整个头、颈和羽冠黑色，后颈和脸颊各有一块大的白斑，在黑色的头部极为醒目。背至尾上覆羽暗蓝至灰色。两翅和尾暗褐色，羽缘蓝灰色，喉至上胸黑色，下胸至腹橄榄灰色，尾上覆羽棕色。

生态习性：主要栖息于海拔2000～3500米的山地针叶林、竹林和杜鹃灌丛中，也出没于阔叶林和混交林及其林缘疏林灌丛中。繁殖期常单独或成对活动，其他时候多成3～5只或10余只的小群，有时亦见和其他山雀混群活动和觅食。

食性：主要以鞘翅目、鳞翅目、膜翅目等昆虫为食，也吃部分植物性食物。

繁殖：未有研究。

分布区与保护：分布于喜马拉雅山脉东部和西藏南部。

（23）大山雀

学名：*Parus major*

英文名：Great Tit

系统位置：雀形目 Passeriformes　山雀科 Paridae

基本信息：小型鸟类，体长13~15厘米。整个头黑色，头两侧各具一大块白斑。上体蓝灰色，背沾绿色。下体白色，胸、腹有一条宽阔的中央纵纹与颏、喉黑色相连。叫声"呼呼黑、呼呼黑"或"呼伯、呼伯"。

生态习性：主要栖息于低山和山麓地带的次生阔叶林、阔叶林和针阔叶混交林中，也出入于人工林和针叶林中。在北方夏季有时可上到海拔1700米左右的中、高山地带，在南方夏季甚至能上到海拔3000米左右的森林中，冬季多下到山麓和邻近平原地带的次生阔叶林、人工林和林缘疏林灌丛，有时也进到果园、道旁和地边树丛、房屋前后和庭院中的树上活动。性较活泼且大胆，不甚畏人。除繁殖期成对活动外，秋冬季节多成3~5只或10余只的小群活动，有时亦见单独活动的。

食性：主要以鳞翅目、双翅目、鞘翅目、半翅目、直翅目、同翅目、膜翅目等昆虫和昆虫幼虫为食，也吃少量蜘蛛、蜗牛等小型无脊椎动物和草籽、花等植物性食物。

繁殖：繁殖期4—8月，在南方亦有在3月即开始繁殖的，但多数在4—5月开始营巢。1年繁殖1窝或2窝，第一窝最早在4月中旬开始营巢，大量在5月初开始；第二窝在6月中下旬开始营巢。通常营巢于天然树洞中，也利用啄木鸟废弃的巢洞和人工巢箱，有时也在土崖和石隙中营巢。

分布区与保护：分布于青海、西藏各地，种群数量较丰富，是我国较为常见的森林益鸟之一。

（24）长嘴百灵

学名：*Melanocorypha maxima*

英文名：Tibetan Lark

系统位置：雀形目 Passeriformes　百灵科 Alaudidae

基本信息：体型中等，体长19～23厘米。嘴较厚而长，末端微曲。上体褐色或沙褐色，具粗著的黑色或黑褐色中央纹，头和腰缀有明显的棕色。翅覆羽和内侧飞羽具宽的皮黄色羽缘，次级飞羽和三级飞羽具白色尖端，外侧尾羽白色。下体白色，胸灰棕白色，有的具暗色斑点。

生态习性：长嘴百灵是一种草地鸟，主要栖息于开阔的草原和牧场，尤喜湿润的湖泊周围、河湾、湖滩地区的高草草地，也出没于开阔的裸露平原、废弃的牧场和沼泽地带。常单独或成对活动，很少成群。性大胆，不甚怕人。平常多在土墩旁低洼处草丛中栖息或活动，当遇惊扰时，则疾速从低洼处飞到草墩上观望和鸣叫，人不到跟前一般不飞，每次飞行距离也不远，鸣叫声洪亮、悦耳。

食性：主要以嫩叶、草籽、浆果等植物性食物为食，也吃青稞等农作物和昆虫。

繁殖：繁殖期5—7月。通常营巢于人迹罕至、干扰较少的沼泽边缘干燥地上。巢多置于土墩间的凹坑内，也有在湖边草丛中营巢的情况。巢为杯状，结构较为粗糙，主要由枯草和少许细根构成。每窝产卵2～3枚。

分布区与保护：主要分布于我国青藏高原及周边地区。由于其栖息地地广人稀，人类干扰少，自然条件好，长嘴百灵种群数量较为丰富。

（25）凤头百灵

学名：*Galerida cristata*

英文名：Crested Lark

系统位置：雀形目 Passeriformes　百灵科 Alaudidae

基本信息：小型鸟类，体长16～19厘米。上体沙棕褐色，具黑褐色羽干纹，头具羽冠。下体皮黄白色，胸密布黑褐色纵纹。尾上覆羽淡棕色，尾羽较短，黑褐色。雌雄羽色相似。

生态习性：主要栖息于干旱平原、旷野、半荒漠和荒漠边缘地带，也出入于农耕地、弃耕地、沙地或多岩石的山坡和低地等开阔地区，尤其喜欢植被稀疏的干旱平原和半荒漠地区，在植被茂密的蒿草地区并不多见。除繁殖期外常成群活动。多在地上活动，有时也在灌木和土堆上休息。性活泼大胆，不甚怕人。善于在地面奔跑，飞行时多为短距离飞行，飞行姿势多为波浪式。善鸣唱，尤其是繁殖期，鸣声清脆、婉转。

食性：主要以昆虫和植物种子为食，食性较杂。

繁殖：繁殖期4—7月。通常营巢于荒漠草地上的凹坑内，尤以沙地或沙石地较多见。

分布区与保护：在我国分布较广，由于鸣声婉转动听，是人们喜爱的笼养观赏鸟之一，应注意保护。

（26）凤头雀莺

学名：*Leptopoecile elegans*

英文名：Crested Tit-warbler

系统位置：雀形目 Passeriformes　长尾山雀科 Aegithalidae

基本信息：小型鸟类，体长9～10厘米。雄鸟头顶和枕灰色，有长而尖的白色羽毛形成的羽冠覆盖在头顶和后颈，头侧和后颈以及颈侧栗色。背、肩蓝灰色，腰天蓝色，两翅和尾暗褐色，外翈羽缘蓝绿色。颏、喉、胸淡栗色，腹紫蓝色。雌鸟头顶较暗，羽冠较短，上背赭褐色，下背和腰蓝色。下体污白色，两肋和尾下覆羽淡紫色或紫褐色，其余同雄鸟。我国尚未见与之相似种类。

生态习性：主要栖息于海拔3000～4000米的高原山地针叶林中，尤其是杉树林，也栖息于林缘稀树草坡、高原和山上部发育不良的矮曲林和灌丛中。常单独或成对活动，偶尔亦见3～5只成群，尤其是在冬季和春秋季节。

食性：主要以昆虫为食。

繁殖：未有研究。

分布区与保护：分布于青海、西藏各地。凤头雀莺是我国特有种，种群数量稀少，已被列入世界濒危鸟类名录，在我国尚未被列入《国家重点保护野生动物名录》，应加强保护。

（27）橙翅噪鹛

学名：*Garrulax elliotii*

英文名：Elliot's Laughing Thrush

系统位置：雀形目 Passeriformes　鹟科 Muscicapidae

基本信息：中型鸟类，体长22～25厘米。头顶深葡萄灰色或沙褐色，上体灰橄榄褐色，外侧飞羽外翈蓝灰色、基部橙黄色，中央尾羽灰褐色，外侧尾羽外翈绿色而缘以橙黄色，并具白色端斑。喉、胸棕褐色，下腹和尾下覆羽砖红色。

生态习性：主要栖息于海拔1500～3400米的山地和高原森林与灌丛中，在西藏地区甚至上到海拔4200米左右的山地灌丛间活动，也栖息于林缘灌丛、竹灌丛、农田和溪边等开阔地区。除繁殖期成对活动外，其他季节多成群。常在灌丛下部枝叶间跳跃、穿梭或飞进飞出，有时亦见在林下地上落叶层间活动和觅食，并不断发出"古儿、古儿"的叫声，尤以清晨和傍晚鸣叫较频繁，叫声响亮动听。受惊后或快速落入灌丛深处，或从一灌丛飞向另一灌丛，一般不远飞。

食性：主要以昆虫和植物果实与种子为食，属杂食性动物。所吃昆虫以金龟甲等鞘翅目居多，其次是毛虫等鳞翅目幼虫，其他还有叶蜂、蚂蚁、蝗虫、椿象等膜翅目、直翅目、双翅目、半翅目等昆虫和螺类等其他无脊椎动物。植物性食物以蔷薇果实居多，其次为马桑、荚蒾、胡颓子、杂草种子等，也吃少量玉米芽和麻子等农作物。

繁殖：繁殖期4—7月。通常营巢于林下灌丛中，巢多筑于灌木或幼树低枝上，距地0.5～0.7米。巢呈碗状，外层主要由细枝、树皮、草茎、枯叶等构成，内垫有细草茎和草根，有时还垫有细的藤条。

分布区与保护：橙翅噪鹛是我国特有种，种群数量较丰富，分布广泛。

（28）红翅旋壁雀

学名：*Tichodroma muraria*

英文名：Wallcreeper

系统位置：雀形目 Passeriformes　鸭科 Sittidae

基本信息：小型鸟类，体长12～17厘米。嘴细长而微向下弯，上体灰色，中覆羽、小覆羽胭红色，初级覆羽和外侧大覆羽外翈亦为胭红色，飞羽黑色，具大块的白斑。额、喉冬羽白色，夏羽黑色。下体冬羽石板灰色，夏羽灰黑色。

生态习性：红翅旋壁雀是一种非树栖的高山山地鸟类，主要栖息于高山悬崖峭壁和陡坡上，也见于平原山地，如北京西山和华北平原山地，最高见于喜马拉雅山，也见于林区多岩石的悬崖峭壁上以及公路两侧与河流沿岸山坡岩壁上，甚至在青海一些冲刷切割严重、深邃的壑谷中，也有红翅旋壁雀活动。在高海拔山区，季节性的垂直迁徙现象明显，冬季多迁到海拔500米以下的平原和低山地带，有时甚至出现在高大楼房的墙壁上。除繁殖期成对活动外，多单独活动。常沿岩壁做短距离飞行，两翅扇动缓慢，飞行时呈波浪式前进。沿着岩壁活动和觅食，也能在岩壁上攀缘，啄食岩壁缝隙中的昆虫。

食性：主要以甲虫、金龟子、蛾、蚊、蝇、白蚁、石跳虫、蝗虫、黑蚂蚁等鞘翅目、鳞翅目、膜翅目等昆虫和昆虫幼虫为食，也吃少量蜘蛛和其他无脊椎动物。

繁殖：红翅旋壁雀在我国南北各地的繁殖期不同步，一般在4月下旬至7月。营巢于人类难以到达的悬崖峭壁岩石缝隙中。主要由雌鸟营巢，雄鸟协助寻找巢材。巢主要由苔藓、草根、草茎等构成，内垫兽毛和羽毛。每窝产卵4～5枚，由雌鸟孵卵。

分布区与保护：分布广，种群数量较丰富。

（29）河乌

学名：*Cinclus cinclus*

英文名：White-throated Dipper

系统位置：雀形目 Passeriformes　河乌科 Cinclidae

基本信息：小型水边鸟类，体长17～20厘米。全身除颏、喉、胸为白色外，其余体羽均为灰褐色或棕褐色。在野外极易辨认。

生态习性：栖息于海拔800～4500米的山区溪流与河谷地带，尤以流速较快、水质清澈的沙石河谷地带较常见。也常停歇在河边或露出水面的石头上，尾上翘或不停地上下摆动，有时亦见其沿河谷上下飞行。飞行时两翅扇动较快，飞行急速，且紧贴水面。亦能游泳和潜入水底，并在水底石上行走，甚至能逆水而行，游泳和潜水时主要靠两翼驱动，在水中觅食。常单独或成对活动。性机警，行动敏捷，起飞和降落时发出尖锐的叫声。

食性：主要以蚊、蚋等水生昆虫及其幼虫，小型甲壳类，软体动物，鱼等水生动物为食，偶尔也吃水藻等水生藻类植物。

繁殖：繁殖期5—7月。常成对营巢，多营巢于山溪、急流边的石隙中，也在河边洞穴中、突出的岩石下、树根下或岩石缝隙中营巢。巢呈球形或椭圆形，侧面开口。主要由雌鸟营巢。巢主要由苔藓、细根、枯草、柳树叶等材料构成，内垫有动物毛发和软的苔藓等。每窝产卵3～7枚，多为4～6枚。

分布区与保护：在我国种群数量较丰富，分布较广。

（30）灰头鸫

学名：*Turdus rubrocanus*

英文名：Chestnut Thrush

系统位置：雀形目 Passeriformes　鸫科 Turdidae

基本信息：中型鸟类，体长23～27厘米。整个头、颈和上胸灰褐色，两翅和尾黑色，上、下体羽栗棕色。颏灰白色，尾下覆羽黑色，具白色羽轴纹和端斑。嘴、脚黄色。特征明显，在野外不难识别。

生态习性：繁殖期主要栖息于海拔2000～3500米的山地阔叶林、针阔叶混交林、杂木林、竹林和针叶林中，尤以茂盛的针叶林和针阔叶混交林较常见，冬季多下到低山林缘灌丛和山脚平原等开阔地带的树丛中活动，有时甚至进到村寨附近和田地中。常单独活动，冬季也成群活动。多栖于乔木上，性胆怯而机警，遇人或其他干扰立刻发出警叫声。常在林下灌木或乔木树上活动和觅食，但更多是下到地面觅食。

食性：主要以昆虫和昆虫幼虫为食，也吃植物果实和种子。

繁殖：繁殖期4—7月，4月初雄鸟即开始占区和鸣叫。通常营巢于林下小树杈上，距地2～4米，有时也在陡峭的悬崖或岸边洞穴中营巢。

分布区与保护：种群数量较丰富，分布较广。

（31）棕背黑头鸫

学名：*Turdus kessleri*

英文名：Kessler's Thrush

系统位置：雀形目 Passeriformes　鸫科 Turdidae

基本信息：中型鸟类，体长24～29厘米。雄鸟整个头、颈、颏、喉、两翅和尾概为黑色，其余上、下体羽栗色，翕和上胸棕白色，在上、下体羽黑色和栗色之间形成一棕白色带，甚为醒目。雌鸟头顶橄榄褐色，两翅和尾暗褐色，其余体羽棕黄色。特征均甚明显，容易识别。目前我国还未见与之相似的种类。

生态习性：棕背黑头鸫是一种高山、高原鸟类，栖息于海拔3000～4500米的高山针叶林和林线以上的高山灌丛地带，即使冬季一般也不下到海拔1500米以下的山脚和平原地带。常单独或成对活动，有时也成群活动，多在林下、林缘灌丛、农田地边、溪边草地以及路边树上或灌丛中活动。性沉静而机警，一般较少鸣叫，遇有危险时则发出大而刺耳的惊叫声。常贴地面低空飞行，通常在鼓翼飞翔一阵后接着滑翔。

食性：主要以鞘翅目、鳞翅目等昆虫和昆虫幼虫为食。

繁殖：繁殖期5—7月。通常营巢于溪边岩隙中，巢主要由枯草茎、草叶、草根等构成，内垫动物毛发。每窝产卵4～5枚。

分布区与保护：分布于青海、西藏东部，是我国特有鸟类，种群数量不丰富。

（32）黑喉红尾鸲

学名：*Phoenicurus hodgsoni*

英文名：Hodgson's Redstart

系统位置：雀形目 Passeriformes 鸫科 Turdidae

基本信息：小型鸟类，体长13～16厘米。雄鸟前额白色，头顶至背灰色，腰、尾上覆羽和尾羽棕色或栗棕色，中央一对尾羽褐色，两翅暗褐色具白色翅斑，下体颏、喉、胸均黑色，其余部分为棕色。雌鸟上体和两翅灰褐色，腰至尾和雄鸟相似，亦为棕色，眼周一圈白色，下体灰褐色，尾下覆羽浅棕色。

生态习性：主要栖息于海拔2000～4000米的高山和高原灌丛草地、林缘、疏林、河谷、灌丛、草丛和针叶林中，秋冬季节多下到中低山和山脚地带的疏林、林缘灌丛和居民点附近的小树丛中活动，有时甚至出现在果园、庭院绿篱和路边行道树上。常单独或成对活动，有时亦成3～5只的小群活动。多在地上草丛和灌丛中活动，也常在低矮树丛间飞来飞去，有时甚至停息在高的树枝上或在空中捕食昆虫。停息时尾常不停地上下摆动。

食性：主要以昆虫和昆虫幼虫为食，主要为步行虫、甲虫、蝗虫、蚂蚁、蛆等鳞翅目、双翅目、膜翅目等昆虫和昆虫幼虫，仅吃少量植物果实和种子。

繁殖：繁殖期5—7月。营巢于山边岩石、崖壁、岸边陡崖和墙壁等人类建筑物的洞中和缝穴中。巢为盘状或浅杯状，主要由草根、草茎、草叶和苔藓构成，内垫有兽毛。

分布区与保护：分布于青海东部、东北部和东南部，西藏南部错那、林芝、拉萨、昌都等地。种群数量较丰富。

（33）红尾水鸲

学名：*Rhyacornis fuliginosa*

英文名：Plumbeous Water Redstart

系统位置：雀形目 Passeriformes　鸫科 Turdidae

基本信息：小型鸟类，尾短，体长13～14厘米。雄鸟通体暗蓝灰色，两翅黑褐色，尾红色。雌鸟上体暗灰褐色，尾基部白色，翅褐色，具两道白色点状斑，下体灰色，具白色斑。特征均甚明显，在野外不难识别。我国还未见与之相似种类。

生态习性：主要栖息于山地溪流与河谷沿岸，尤以多石的林间和林缘地带的溪流沿岸较常见，也出现于平原河谷和溪流，偶尔也见于湖泊、水库、水塘岸边。常单独或成对活动。多站立在水边或水中石头上、公路旁岩壁上或电线上，有时也落在村边房顶上。停立时尾常不断地上下摆动，间或还将尾散成扇状，并左右来回摆动。当发现水面或地上有虫子时，则急速飞去捕猎，取食后又飞回原处。有时也在地上奔跑啄食昆虫。当有人干扰时，则紧贴水面沿河飞行。常边飞边发出"吱吱"的鸣叫声，声音单调清脆。

食性：主要以昆虫为食。所吃食物主要是鞘翅目、鳞翅目、膜翅目、双翅目、半翅目、直翅目、蜻蜓目等昆虫和昆虫幼虫。此外也吃少量植物果实和种子，如草莓、悬钩子、荚蒾、胡颓子、马桑和草籽等。

繁殖：繁殖期3—7月。部分个体可1年繁殖2窝。通常营巢于河谷和溪流岸边，巢多置于岸边悬岩洞隙、岩石或土坎下凹陷处，也在岸边岩石缝隙和树洞中营巢。巢呈杯状或碗状，通常较为隐蔽，不易被发现。巢主要由枯草茎、枯草叶、草根、细的枯枝、树叶、苔藓、地衣等构成，内垫有细草茎和草根，有时垫有羊毛、纤维和羽毛。

分布区与保护：在我国分布较广，种群数量较丰富。

（34）白顶溪鸲

学名：*Chaimarrornis leucocephalus*

英文名：White-capped Water Redstart

系统位置：雀形目 Passeriformes　鸫科 Turdidae

基本信息：小型鸟类，体长16～20厘米。头顶白色，腰、尾上覆羽及尾、腹栗红色，尾具宽阔的黑色端斑，其余体羽黑色。特征明显，在野外不难识别。

生态习性：主要栖息于山地溪流和河谷沿岸，有时亦见于干涸的河床和山谷，很少出现在开阔平原地区，即使在冬季，亦多在低山山脚地带活动；夏季多上到海拔1500米以上的中高山地区，有时甚至到海拔4800米左右的雪线附近活动，垂直迁徙现象较明显。常单独或成对活动，有时亦见3～5只成群活动。常站在河边或河中露出水面的石头上，有时也站立在水边灌木和树枝上。除在水边觅食外，也在溪边陆地上觅食。当从一个地方飞到另一个新地方落地时，尾常呈扇形散开，并不停地上下摆动，有时身体也上下屈蹲；受惊时很快起飞，通常沿水面低空飞行，边飞边发出"唧唧"的单调叫声。飞行能力不强，每次飞不多远又落下。

食性：主要以金花虫、金龟甲、象甲、毛虫、蝼蛄、蝗虫、椿象、蚂蚁等鞘翅目、鳞翅目、直翅目、半翅目、膜翅目、襀翅目等陆生和水生昆虫为食，也吃少量软体动物和其他无脊椎动物，以及植物果实与种子等。

繁殖：繁殖期4—7月。通常营巢于溪边树根下或石隙间，也在溪边岩洞、树洞中和石头下空隙中营巢。巢甚隐蔽，不易被发现。巢呈碗状或杯状。巢主要由枯草茎、草叶、草根、须根、苔藓、树叶等构成，内垫动物毛发。

分布区与保护：在我国分布比较广，种群数量较丰富。

（35）鸲岩鹨

学名：*Prunella rubeculoides*

英文名：Robin Accentor

系统位置：雀形目 Passeriformes　岩鹨科 Prunellidae

基本信息：小型鸟类，体长15～17厘米。头灰棕色，背、肩、腰棕褐色，具黑色纵纹，两翅褐色，翅上有白斑。额、喉沙褐色或灰色，胸锈棕色，在喉、胸之间有一道不明显的黑色颈圈，其余下体白色。特征明显，在野外不难识别。

生态习性：主要栖息于海拔3000～5000米的高山灌丛、草甸、草坡、河滩和高原耕地、牧场、土坎等高寒山地生境中。除繁殖期成对或单独活动外，其他季节多成群活动。常在有柳树灌丛生长的河谷和岩石、草地活动，善于在地上奔跑觅食。

食性：主要以鞘翅目、鳞翅目、蝗虫等昆虫为食，也吃草籽、植物果实、种子等，如青稞、油菜　籽等。

繁殖：繁殖期5—7月。营巢于地上灌木丛中。巢呈碗状，主要由枯草、地衣、羊毛、羽毛等构成，内垫有羊毛和羽毛。

分布区与保护：在我国种群数量较丰富，分布较广。

（36）棕胸岩鹨

学名：*Prunella strophiata*

英文名：Rufous-breasted Accentor

系统位置：雀形目 Passeriformes　岩鹨科 Prunellidae

基本信息：小型鸟类，体长13～15厘米。上体棕褐色，具宽阔的黑色纵纹，眉纹前段白色，较窄，后段棕红色，较宽阔。颈侧灰色，具黑色轴纹。额、喉白色，具黑褐色圆形斑点。胸棕红色，呈带状，胸以下白色，具黑色纵纹。特征明显，在野外不难识别。

生态习性：繁殖期主要栖息于海拔1800～4500米的高山灌丛、草地、沟谷、高原和林路附近，秋冬季多下到海拔1500～3000米的中低山地区活动。除繁殖期成对或单独活动外，其他季节多成家族群或小群活动。性活泼而机警，常在高山矮林、溪谷、溪边柳树灌丛、杜鹃灌丛、高山草甸、岩石荒坡、草地和耕地上活动和觅食，当人接近时，则立即起飞，飞不多远又落入灌丛或杂草丛中。

食性：主要以豆科、莎草科、禾本科和伞形花科等植物的种子为食，也吃花楸、榛子、荚蒾等灌木果实和种子。此外，也吃少量昆虫等动物性食物，尤其在繁殖期捕食昆虫量较大。

繁殖：繁殖期6—7月。通常营巢于灌丛中。巢呈碗状，主要由枯草和苔藓构成，有时掺杂树叶和碎屑，内垫兽毛。每窝产卵3～6枚，通常4～5枚。

分布区与保护：分布于青海东北部、东部、东南部和南部，西藏亚东、易贡、则拉、丹娘山口、多雄拉山、聂拉木、春丕河谷、拉萨和昌都地区。

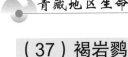

（37）褐岩鹨

学名：*Prunella fulvescens*

英文名：Brown Accentor

系统位置：雀形目 Passeriformes　岩鹨科 Prunellidae

基本信息：小型鸟类，体长13～16厘米。头褐色或暗褐色，有两条长而宽的眉纹从嘴基到后枕，眉纹白色或皮黄白色，在暗色的头部极为醒目。背、肩灰褐色或棕褐色，具暗褐色纵纹。额、喉白色，其余下体淡棕黄色或皮黄白色。相似种棕眉山岩鹨的眉纹为棕黄色，体侧有纵纹。区别明显，在野外不难识别。

生态习性：主要栖息于海拔2500～4500米的高原草地、荒野、农田、牧场，有时甚至进入居民点附近，有时也出现于荒漠、半荒漠和高山裸岩草地，尤其喜欢在有零星灌木生长的多岩石高原草地活动，是常见的高原鸟类。繁殖期常单独或成对活动，非繁殖期则多成群活动。地栖性，在地上、岩石上或灌丛中活动和觅食，冬季多游荡到海拔较低的山谷、沟谷、河谷和湖岸地区。

食性：主要以甲虫、蛾、蚂蚁等昆虫为食，也吃蜗牛等小型无脊椎动物和植物果实、种子等植物性食物。

繁殖：繁殖期5—7月。4月中下旬雄鸟即开始占区，站在岩石或大的石头上鸣叫。营巢于岩石下、土堆旁和灌木丛中。巢呈杯状，主要由枯草和苔藓构成。每窝产卵4～5枚。

分布区与保护：分布于青海和西藏西部、南部、东南部。

（38）高山岭雀

学名：*Leucosticte brandti*

英文名：Brandt's Mountain Finch

系统位置：雀形目 Passeriformes　燕雀科 Fringillidae

基本信息：小型鸟类，体长15～17厘米。头顶、脸颊黑色，背灰褐色，具黑褐色纵纹，腰暗褐色，具粉红色羽缘。尾上覆羽褐色或灰褐色，具白色或灰白色羽缘和尖端；中覆羽和大覆羽淡灰色，具黑色纵纹，飞羽黑褐色，具白色羽缘。下体淡灰褐色，额、喉颜色较深，近黑色。

生态习性：通常栖息在树线以上的高山裸岩砾石、草甸、岩石、草坡、荒漠、草地和冰碛物上。夏季一般在海拔4000米以上区域栖息，一直到雪线附近，特别是在西藏、四川西部和青海一带，最高可到海拔5500米左右，冬季有时也下到海拔2600～4000米的沟谷和低山山脚地带，偶尔也进入寺庙和庭院内。常成几只至十多只的小群活动，有时也见单独或成对活动的，冬季有时也见数十只甚至上百只的大群。性活泼，行动敏捷，飞行有力而且速度快，转弯也很灵活。飞行时群中个体靠得很近，群结较紧密，常成群低空、短距离飞翔，有时成群从空中急飞而下，然后又突然转向空中，动作很协调。多在地上觅食，有时也在灌木上觅食。

食性：主要以高山植物种子为食，也吃灌木果实、种子和叶芽。

繁殖：繁殖期6—8月。营巢于岩坡或岩石下的缝隙中，也在啮齿动物洞穴或岩石堆中营巢。常成对或单独营巢，也成小群一起营群巢。每窝产卵3～4枚。

分布区与保护：在我国分布较广，常见于青海、西藏，种群数量相对较丰富。

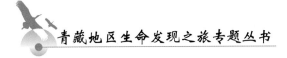

（39）拟大朱雀

学名：*Carpodacus rubicilloides*

英文名：Streaked Rosefinch

系统位置：雀形目 Passeriformes　燕雀科 Fringillidae

基本信息：中型鸟类，体长17～20厘米，是一种大型朱雀。雄鸟头顶、头侧、额和喉深红色，具银白色细短条纹或斑点，背、肩和翅上覆羽暗褐色，具黑色纵纹，腰粉红色，两翅和尾黑褐色，背、肩和飞羽羽缘沾粉红色，下体红色，具白色条纹或斑点。雌鸟上体灰褐色、下体皮黄色，均具黑色纵纹。

生态习性：拟大朱雀是一种高山荒漠鸟，栖息在树线以上至雪线附近的高山和高原灌丛、草地、有稀疏植物的岩石荒坡，有时甚至上到雪线以上活动。夏季在海拔3800～4500米地带活动，最高到5500米，冬季多在海拔2000米以上地带活动。常单独或成对活动，有时亦成小群活动。喜欢开阔的高原草甸、灌丛、草地及溪流和泉水边灌丛草地，有时也进入林缘疏林和居民点附近的青稞地、菜园和房前屋后的红柳树上。

食性：主要以植物种子为食，也吃植物叶芽、嫩叶、果实和农作物青稞、豆类等。

繁殖：繁殖期6—9月，最早在5月中下旬即开始成对和营巢。营巢于低矮的蔷薇和其他灌木丛中及溪边或农田边小柳树上。巢呈杯状，由细枝、枯草茎和枯草叶以及细根等构成，内垫羊毛。

分布区与保护：分布于青海、西藏各地。

（40）黄嘴朱顶雀

学名：*Carduelis flavirostris*

英文名：Twite

系统位置：雀形目 Passeriformes　燕雀科 Fringillidae

基本信息：小型鸟类，体长12～15厘米。嘴黄色，上体沙棕色或灰棕色，具褐色羽干纹。腰雄鸟玫瑰红色，雌鸟皮黄色或白色。两翅和尾褐色，具白色羽缘，喉、胸皮黄色或沙棕色，具褐色纵纹，其余下体黄白色或白色。

生态习性：主要栖息于海拔3000米以上的高山和高原矮树丛、灌丛草地、岩石荒坡，也栖息于有稀疏植物生长的荒漠、半荒漠地区，在西藏和青海高原可栖息于海拔3800～4500米地带。性喜成群，除繁殖期成对活动外，其他季节多成几只至10余只的小群，有时也成20～30只或40～50只的大群，在山边、沟谷、溪边或湖边稀疏的小树丛、灌丛中和裸露的岩石及草地上活动。冬季多在低海拔和雪线以下地区游荡，有时也进入多岩石的牧场和农田地区活动。多在地上觅食。受惊后常结成紧密的一群在空中飞翔，呈起伏不平的波浪式前进，并发出尖锐而单调的"chweee、chweee"声。休息时多站在灌木、小树枝头或突出的岩石上，天气恶劣时则隐藏在灌丛和树丛中。

食性：主要以草籽和其他野生植物种子为食，也吃部分昆虫和青稞。

繁殖：繁殖期6—8月。营巢于低矮灌木上，偶尔也有在岩石缝隙中营巢的情况。巢呈杯状，由禾本科枯草叶、草茎、细根等构成，内垫羊毛、牛毛等家畜毛，有的还垫有羽毛和植物绒。雌鸟单独营巢，雄鸟在附近警戒。巢筑好后即开始产卵，每窝产卵4～6枚，通常5枚，偶尔也有多至7枚的。

分布区与保护：在我国主要分布于西部高山和高原地带，种群数量较丰富。

（41）灰眉岩鹀

学名：*Emberiza godlewskii*

英文名：Godlewski's Bunting

系统位置：雀形目 Passeriformes　鹀科 Emberizidae

基本信息：小型鸟类，体长15~17厘米。头、枕、头侧、喉和上胸蓝灰色，眉纹、颊、耳覆羽蓝灰色或白色，贯眼纹和头顶两侧的侧贯眼纹栗色，颧纹黑色，后端向上延伸至耳覆羽后与贯眼纹相遇。背红褐色或栗色，具黑色中央纹，腰和尾上覆羽栗色，黑色纵纹少而不明显。下胸、腹等下体红棕色或粉红栗色。

生态习性：栖息于裸露的低山丘陵、高山和高原等开阔地带的岩石荒坡、草地和灌丛中，尤喜有几株零星树木的灌丛、草丛和岩石地面，也出现于林缘、河谷、农田、路边以及村旁树上和灌木上，在海拔500~4000米地带活动。常单独或成对活动，非繁殖季节成5~8只或10多只的小群，有时亦集成40~50只的大群。

食性：主要以果实、种子等植物性食物为食，也吃昆虫和昆虫幼虫。繁殖期主要以昆虫为食，非繁殖期则主要以植物性食物为食。

繁殖：繁殖期6—9月。大量繁殖主要集中在5—6月。繁殖期开始的早晚除与海拔、纬度和气候条件有关外，与个体年龄或许也有一定关系。营巢于草丛或灌丛地面浅坑内，也有在小树或灌木丛基部地面或在离地1~2.5米的玉米地边土埂上或石隙间营巢的情况。巢呈杯状，外层为枯草茎和枯草叶，有的还掺杂苔藓和蕨类植物叶子，内层为细草茎、棕丝、羊毛、马毛等，有的内层全为羊毛或牛毛，偶尔也垫有少许羽毛。1年繁殖2窝，少数或许3窝。每窝产卵3~5枚，多为4枚。繁殖期间天敌主要有雀鹰、大嘴乌鸦和双斑锦蛇。

分布区与保护：在我国分布较广，种群数量较丰富。

2.兽纲

（1）狼

学名：*Canis lupus*

英文名：Wolf

系统位置：食肉目 Carnivora　犬科 Canidae

基本信息：外形似犬而较大，吻部较尖，耳中等长，直立。尾短粗，其长度小于体长的1/3。嘴缘及口须白色。鼻、颊及眼周为灰白色，额和耳为浅黄灰色，颏和喉为白色。颈背、侧同体背色；腹面为灰白色，毛尖浅灰黄。肩、背、腰、臀及尾上为黄灰色，尾巴上表面明显更深黑色，而下表面变浅，尾部尖端几乎是纯黑色。胸、腹直至尾下毛色较背部稍浅，为浅灰白色。四肢外侧与背部同色，内侧与腹部同色。爪上下粗钝，略弯，呈暗黄色。

生态习性：栖息于高原草原、高山草甸草原、高山高寒荒漠草原等空旷而人烟稀少的地方，茂密森林中少见。成群或结对生活，亦有孤栖生活者，性机警，其听觉、嗅觉和视觉都相当发达，每天晨昏活动频繁。

食性：捕食岩羊、高原兔等。

繁殖：冬末春初交配，孕期2个月，每胎产5~10仔。

分布区与保护：分布于青海、西藏各地。濒危野生动植物种国际贸易公约（the Convention on International Trade in Endangered Species of Wild Fauna and Flora，CITES）已将其列入附录Ⅱ。

（2）藏狐

学名：*Vulpes ferrilata*

英文名：Tibetan Fox

系统位置：食肉目 Carnivora　犬科 Canidae

基本信息：体型较赤狐略小，吻鼻部狭长，四肢及耳较之略短，尾亦短，通常为体长的一半，尾毛蓬松而长。背毛中央毛色棕黄，体侧毛色银灰。嘴缘及颊部灰褐色，口须、颊须及眼须为黑色。耳背大部与体背同色，颏、喉浅白色，背至尾基为棕黄色。颈侧、体侧及尾的大部分为黑白相杂，呈现银灰色，尾尖污白色。颈腹面、胸、腹为白色至灰白色。前肢前方浅棕色，后方棕白色；后肢前方呈土黄色，后方呈棕黄色。夏毛棕黄色调较冬毛深。

生态习性：栖息于海拔3600米以上，最高可到海拔4800米的灌丛草原、高原草原和高寒草甸草原活动。多在晨昏活动，在日间也出没。性机警。

食性：以啮齿类、地栖鸟类、沙蜥等为食。

繁殖：2月末发情交配，4—5月产仔，每胎产2～5仔。

分布区与保护：分布于云南、四川、青藏高原北部等。已被列入《国家重点保护野生动物名录》，属于国家二级保护动物。

（3）黑熊

学名：*Selenarctos thibetanus*

英文名：Asiatic Black Bear

系统位置：食肉目 Carnivora　熊科 Ursidae

基本信息：体长比马熊稍小。头阔，吻较短，颈短粗，臀圆且很短。胸部有月牙形白色胸斑，口缘与吻鼻为棕褐色或赭色。全身其余毛色比较一致，为富有光泽的黑色。颈侧部毛最长，呈毛丛状，胸部毛最短。前足腕垫发达，与掌垫相连。无口须，眉额处常有稀疏的浅色毛。前后足均具有5爪，强而弯曲，前足爪略长于后足爪，爪常为黑色。

生态习性：多栖息于常绿阔叶林或混交林。独栖，多在白天活动。一般于11月开始冬眠，翌年3月下旬复苏。视觉较差，但听觉及嗅觉灵敏。

食性：食性杂。以植物的幼叶、嫩芽、果实及种子为食，有时也吃昆虫、鸟卵和小型兽类。此外，还盗食玉米、蔬菜等农作物。

繁殖：6—7月发情交配，孕期7～8个月。

分布区与保护：分布于青海、西藏各地。CITES已将其列入附录Ⅰ，我国Ⅱ级重点保护野生动物。

（4）雪豹

学名：*Uncia uncia*

英文名：Snow Leopard

系统位置：食肉目 Carnivora　猫科 Felidae

基本信息：体型似豹而略小，头小而圆，吻较短；尾粗大，其长度约为体长的3/4，毛长而蓬松；四肢较短。吻及头部毛短，口须长硬，黑白相间。两颊有稀疏小黑点。眼间和额部中央密布细小黑点，而额部两侧黑点较稀。耳背大部分为黑色，耳内侧白色。全身灰白，颈、背部的黑斑大而疏，似成5纵行排列。该黑斑延至体侧直至臀部呈清晰的黑色环状，似叶片。臀部上方中央5个黑点相连，纵列为一黑条纹。尾背面有10余个黑环，尾端黑色。胸、腹部隐约有少量黑斑。肩部和前肢上部有半环形黑色斑，四肢下端、足背皆有小黑点，内侧也隐约有少量黑斑。

生态习性：栖息于丘陵、高原和高山灌丛、草甸、裸岩。昼伏夜出，有较固定的兽径。

食性：以岩羊、藏羚羊、高原兔、旱獭、鼠兔等为食，在偏远处也取食家禽，很少攻击人。

繁殖：3—5月发情，孕期93～110天，每胎产2～3仔。

分布区与保护：分布于西藏那曲等地。雪豹是高原珍贵动物，有较高学术研究价值。世界自然保护联盟（International Union for Conservation of Nature, IUCN）将其列为濒危物种，CITES已将其列入附录I，我国I级重点保护野生动物。

（5）藏野驴

学名：*Asinus kiang*

英文名：Kiang

系统位置：奇蹄目 Perissodactyla　马科 Equidae

基本信息：体型小于野马，与杂交的骡相似。头短，吻圆钝，耳长超过170毫米。颈鬃毛短而直立。尾部的长毛生于后半段或1/3段。蹄窄而高。唇部为白色，整个头部均为深棕色，但耳缘及内侧较淡，呈淡棕色，耳尖为黑色。体背的毛色与头部一致，为深棕色、赤色或暗红褐色，冬毛色泽更暗些。肩部至尾背侧具较窄的黑褐色脊纹。肩胛两侧各有一道褐色带。臀部白色并稍偏棕色。尾背侧深棕色，腹侧为灰色；尾端部1/2的长毛为暗棕色，近腹侧较淡。喉、腹、鼠蹊部为白色，且腹部的淡色区域明显地向背侧扩展，故背侧毛色有明显的分界线。四肢外侧上部与背同色，但向下逐渐变淡而至蹄近白色；四肢内侧呈白色或浅灰白色。各蹄基具暗棕色环带。

生态习性：栖息于海拔4200～5100米的高原、高寒荒漠草原和山林荒漠带。通常出没于开阔的山间盆地、平缓的河谷阶地、丘陵和湖滩地等。6—9月，可见结群活动，每群6～10余头或20～40余头，有时可见100头或200头以上的大群，也能见到单独活动的个体。行动时，常列纵队鱼贯而行。行走路线较固定。性甚好奇，不甚畏人。其性甚耐干旱。

食性：主食白草、固沙草、芨芨草、苔草、各种针茅、野葱等。

繁殖：夏末秋初繁殖，孕期1年左右，每胎产1仔。

分布区与保护：分布于青海玉树、果洛、海北和海西州，西藏那曲地区西部、阿里地区和日喀则地区西北部。CITES已将其列入附录Ⅱ，我国Ⅰ级重点保护野生动物。

（6）野牦牛

学名：*Bos mutus*

英文名：Yak

系统位置：偶蹄目 Artiodactyla　牛科 Bovidae

基本信息：体型粗壮，头形狭长，唇鼻裸露面小，脸面平直，耳相对较小；两性均具角，角距较宽，微具环棱；颈短，颈下无肉垂，具长毛；肩中央有显著和凸起隆肉，故肩高大于臀高；尾长，尾端有簇毛；额、喉、颈、体侧、腹部、四肢及尾均有长毛，长者可达40厘米，蹄大而圆宽。除吻周、脸面、下唇和背脊呈微弱的灰白色调外，全身毛色为一致的乌褐色，无其他杂色。

生态习性：栖息于人迹罕至，海拔4000～5000米的高大山岭、山间盆地、高原草原、高寒荒漠。除性孤独的雄牛外，爱结群生活，或浩浩荡荡遨游于高原峻岭中，或伏卧于山腰河谷间。耐寒、怕热。性凶悍，发怒时尾向上翘。嗅觉灵敏。

食性：以早熟禾、莎草、针茅、绿绒蒿、红景天、垂头菊等为食。

繁殖：8—11月发情，孕期9～10个月，每胎产1仔。

分布区与保护：分布于青海、西藏各地，是青藏高原特产动物，家牦牛的祖先。IUCN将其列为濒危物种，CITES已将其列入附录I，我国I级重点保护野生动物。

（7）藏原羚

学名：*Procapra picticaudata*

英文名：Tibetan Gazelle

系统位置：偶蹄目 Artiodactyla　牛科 Bovidae

基本信息：体型较小，吻部短宽，前额高突，眼大而圆，耳短小，头显长。仅雄羚具细长的角，两角从额部几乎平行上升，角微向下弯曲，近角尖又呈弧形向上弯，角干具多而窄的环棱。体型矫健，尾短，四肢纤细；毛略显粗硬，形直而厚密，尤以臀部和后腿两侧毛直硬而富有弹性。吻端上唇及鼻部暗色，颊部灰棕色，额及头顶深棕褐色，耳背上部及耳缘暗色，耳基、耳内侧浅棕白色。额暗色，喉部浅棕色。颈背及体背均为深棕褐色。臀斑较大为白色，边缘黄棕色。尾背面深棕色，尾侧及腹面白色。颈下及胸黄棕色，腹部淡黄棕色。四肢外侧深棕色，内侧淡黄棕色。

生态习性：栖息于高山草原、草甸、高原荒漠、半荒漠。活动于地形较平缓的山坡、高原、丘原和宽谷有水草的地方。活动范围广，无固定地，常结成5～6只小群，也有单独活动的情况，冬季结成大群。视觉、听觉灵敏，性机警好奇，行动轻捷。

食性：主要在清晨和黄昏觅食，以各种草类为食，也食菌类、松萝和树叶。

繁殖：冬季发情，孕期半年，每胎产1仔，偶产2仔。

分布区与保护：分布于青海、西藏各地。我国II级重点保护野生动物。

（8）藏羚羊

学名：*Pantholops hodgsoni*

英文名：Tibetan Antelope

系统位置：偶蹄目 Artiodactyla　牛科 Bovidae

基本信息：体型较大，吻鼻宽阔，鼻腔两侧膨胀，呈半圆形，鼻孔几乎垂直向下，鼻端被毛。无眶下腺，头形宽大；雄性具长角，几乎平行垂直向上，角尖微向内弯曲，远处侧视，似为一角；角具明显环棱；尾短小，尾端尖细；四肢匀称；毛被极为丰厚，毛形均直。吻灰白，脸面带褐色。雄兽前额具"U"形暗褐色纹，头顶淡棕褐色。耳背、耳尖与头顶毛色相似，耳内白色。眼周、额及喉白色。颈背至躯体上部为一致的淡棕色。尾背与体背同色，尾侧及尾尖白色，尾腹裸露。颈下、胸、腹及鼠蹊全为白色，四肢外侧与体色一致，前缘具黑褐色纵纹。夏季毛色较深，冬季较淡，个别雄羊毛色趋于白色。

生态习性：栖息于海拔4100～5200米的荒漠草原和高原草甸。性胆怯、好奇，但很机警。集群，于晨昏活动。一般无固定栖息地，随季节、食物而游荡。喜在溪边采食。

食性：主要以绿绒蒿、禾本科及莎草科等植物为食。

繁殖：冬季发情，孕期约6个月，每胎产1仔。

分布区与保护：分布于西藏、青海西南部。青藏高原特产动物，我国特有种，CITES已将其列入附录Ⅰ，我国Ⅰ级重点保护野生动物。

（9）岩羊

学名： *Pseudois nayaur*

英文名： Blue Sheep

系统位置： 偶蹄目 Artiodactyla　牛科 Bovidae

基本信息： 形似绵羊，雄羊较雌羊大，头狭长，颔下无须，两性均具角，雄羊角粗大，似牛角，向两侧稍下弯，角尖微向后然后向上微弯。毛色灰蓝带棕色，四肢前面及腹侧具黑纹。上下唇为白色，吻及颊部灰白带黑色。耳背与头同色，耳内白色，颔与喉黑褐色。头后至身体背部直至尾基为棕灰色，部分毛尖还染黑色。尾毛背侧基部暗灰，逐渐转为黑色，尾下部为白色。胸黑褐色，腋、腹和鼠蹊为白色。四肢外侧与体同色，但胸部黑褐色延伸到前肢前缘转为黑条纹，体侧的下缘从腋下开始，经腰部、鼠鼷部，一直到后肢的前面蹄子上边，也有一条黑纹。四肢内侧概为白色，各蹄侧有一圆形白斑。

生态习性： 栖息于高原、丘原和高山裸岩与山谷间的草地。视觉、听觉灵敏，行动敏捷，善于登高走险。

食性： 以各种灌木的枝叶和青草为食。

繁殖： 冬季繁殖，孕期约10个月，每胎产1仔。

分布区与保护： 分布于青海、西藏各地。我国Ⅱ级重点保护野生动物。

（10）盘羊

学名：*Ovis ammon*

英文名：Argali

系统位置：偶蹄目 Artiodactyla　牛科 Bovidae

基本信息：大型羊，体健壮，角粗大，向下盘曲呈螺旋状；耳小，尾甚短，约与耳等长；颏无须。唇周和眶下腺周围色较浅，略呈灰白或棕白色，颊和额部为浅灰棕色，头顶及耳背均为暗棕色，耳内为白色。颏和喉为灰白或棕白色。颈部和前肩为浅灰棕色，前背中央、后背中央和侧面为灰棕色，但杂有白色的毛。腰及侧部毛色较深，转为暗棕色。臀具白色臀斑。尾毛灰棕色，尾背中央有一棕色纵纹，尾下白色。胸、腹部黄棕色，腋下、下腹部、鼠蹊部白色。四肢上半段外侧与体毛色相似，下半段直至踝关节毛色转浅，呈棕白或灰白色。

生态习性：栖息于海拔3000～5000米的无林的高原、丘原和山麓间，常登高山裸岩，喜空旷开阔地区。视觉、听觉、嗅觉都很灵敏。有季节性迁移特征，群居性。晨昏觅食。

食性：以针茅、莎草、香草、早熟禾等为食。

繁殖：冬季发情，孕期5个月，每胎产1仔，偶产2仔。

分布区与保护：分布于青海、西藏各地。中亚特产动物，CITES已将其列入附录Ⅱ，我国Ⅱ级重点保护野生动物。

（11）喜马拉雅旱獭

学名：*Marmota himalayana*

英文名：Himalayan Marmot

系统位置：啮齿目 Rodentia　松鼠科 Sciuridae

基本信息：大型啮齿类哺乳动物。口周为淡黄色，鼻侧棕色，鼻上部有纵行黑色区，至两眼间逐渐扩大直至耳基。眼至耳前具棕黄色条纹，眼上黑色加重，呈现条纹状。耳色深黄；颊、面均为淡褐色，具黑色细斑纹。体背呈棕黄色泽，具有黑色细斑纹。腹面如背色，但较灰暗，肛周棕红色。尾上面如背色，端部1/4为黑褐色；下面基段1/2为褐黄色，端部1/2为黑褐色；四足背面为淡棕黄色，近爪基端为深褐色。地栖型松鼠类，体型粗壮而肥胖，尾短，仅为体长的25%，尾毛不呈蓬松状。

生态习性：栖息于海拔3000米以上的高原高寒草原、草甸区。多成家族性群居。栖息洞口多，洞道深而复杂，洞系分冬用、夏用和临时用三种；洞口都有挖掘时推出的土形成的土丘。白昼活动。

食性：主要以草为食。

繁殖：繁殖期4—9月。平均每胎产5仔或6仔；3～4次冬眠后达性成熟。

分布区与保护：广泛分布于青藏高原地区。

（12）高原兔

学名：*Lepus oiostolus*

英文名：Woolly Hare

系统位置：兔形目 Lagomorpha　兔科 Leporidae

基本信息：体型较大。眼周及鼻侧污白色至污黄色；耳背与体背同色，耳尖端较深，内侧淡黄色，前缘尖端黑褐色；颈部黄棕色。体背自前额至尾基淡黄灰色至黄灰色。腹面喉及肩部棕黄褐色，余均纯白色；背腹交界处呈黄灰色。前肢背面及后肢外侧淡黄褐色。尾背面具一较窄而淡的暗灰色区域；两侧及腹面纯白。四足背面白色。体毛长而柔软，绒底丰厚，尾相对较短。

生态习性：栖于高原高寒草原、高寒草甸的山岩附近。白昼活动，以晨昏为甚。

食性：主要以草为食。

繁殖：5—8月为孕期，每年产2胎，每胎产4～6仔。

分布区与保护：分布于青藏高原等地区。

（12）黑唇鼠兔

学名：*Ochotona curzoniae*

英文名：Plateau Pika

系统位置：兔形目 Lagomorpha　鼠兔科 Ochotonidae

基本信息：体型较大。吻、鼻周黑色；眼周具窄淡棕色眼圈；耳外侧黑棕色，内侧黄褐色，有明显淡色边缘；耳后基部具明显淡色区。体背自吻端至尾基为黄褐色，体侧色泽较淡。腹色污白，毛尖染以淡黄色泽；唯颈下、两腋及腹面中部具一"Y"形纵行淡色区。体型与川西鼠兔相近。

生态习性：栖息于海拔4000米左右的宽谷草原草甸区，数量极多。白昼活动。

食性：以草为食。

繁殖：夏季可繁殖3～5胎，每胎2～8仔。

分布区与保护：分布于青海、西藏各地。

青藏线野生植物基本介绍

1. 裸子植物

油麦吊云杉

学名：*Picea brachytyla* var. *complanata* (Mast.) W. C. Cheng ex Rehder

系统位置：松科 Pinaceae　云杉属 *Picea*

特征：本变种与麦吊云杉的区别在于树皮淡灰色或灰色，裂成薄鳞状块片脱落；球果成熟前为红褐色、紫褐色或深褐色。

生境：生长在海拔2000～3800米地带。在四川西部常生长在以冷杉、铁杉、云南铁杉为主的针叶树混交林中，或在局部地带形成小片纯林。

分布：云南、四川、西藏。

价值：油麦吊云杉木材坚韧，纹理细密，可作为分布区内海拔2000～3000米地带的造林树种。

植物文化

油麦吊云杉被列入国务院1999年8月4日批准的《国家重点保护野生植物名录（第一批）》（Ⅱ级）。

2.被子植物

单子叶植物类

（1）象南星

学名：*Arisaema elephas* Buchet

系统位置：天南星科 Araceae 天南星属 *Arisaema*

特征：块茎近球形，密生纤维状须根。鳞叶3～4枚，绿色或紫色。叶1，叶柄黄绿色，无鞘，光滑或多少具疣状突起；叶片3全裂，稀3深裂。花序柄短于叶柄，绿色或淡紫色，具细疣状凸起或否。佛焰苞青紫色，基部黄绿色，管部具白色条纹；檐部长圆披针形。肉穗花序单性，雄花具长柄。浆果砖红色，椭圆状，种子5～8枚，卵形，淡褐色，具喙。花期5—6月，果8月成熟。

生境：生长于海拔1800～4000米的河岸、山坡、林下、草地或荒地。

分布：西藏、云南北纬25°以北至四川西南部及贵州西部。

价值：块茎入药，剧毒，可治腹痛。仅能用微量。

（2）葱状灯芯草

学名：*Juncus allioides* Franch.

系统位置：灯芯草科 Juncaceae　灯芯草属 *Juncus*

特征：多年生草本；根状茎横走，具褐色细弱的须根。叶基生和茎生，基生叶常1枚，茎生叶1枚，叶片皆圆柱形，具明显横隔，叶鞘边缘膜质。头状花序单一，顶生，有7～25朵花；苞片3～5枚，披针形，褐色或灰色；花具花梗和卵形膜质的小苞片；花被片披针形，灰白色至淡黄色；雄蕊6枚。蒴果长卵形，成熟时黄褐色。种子长圆形，成熟时黄褐色。花期6—8月，果期7—9月。

生境：生长于海拔1800～4700米的山坡、草地和林下潮湿处。

分布：青海、西藏、陕西、宁夏、甘肃、四川、贵州、云南。

价值：可以用作编织器具。茎髓可供药用或做灯芯、枕芯等，皮供编织。

（3）水麦冬

学名： *Triglochin palustris* Linnaeus

系统位置： 水麦冬科 Juncaginaceae　水麦冬属 *Triglochin*

特征： 多年生湿生草本。根茎短，常有纤维质叶鞘残迹，须根多数。叶基生，条形，基部具鞘，鞘缘膜质。花葶直立，细长，圆柱形，无毛；总状花序，花排列较疏散，无苞片；花被片6枚，绿紫色，椭圆形或舟形；雄蕊6枚，近无花丝；雌蕊由3个合生心皮组成，柱头毛笔状。蒴果棒状条形，成熟时由下向上呈3瓣开裂，仅顶部联合。花果期6—10月。

生境： 生长于海拔3900米的山坡湿草地或咸湿地或浅水处。

分布： 我国东北、华北、西北、西南各地，北美洲、欧洲也有。

价值： 水麦冬叶葱绿繁密，在园林中可作为湿地、沼泽地的地被植物。藏医常用其治眼疾、腹泻，具有消炎、止泻的功效。

植物文化

水麦冬全草有毒，为中国植物图谱数据库收录的有毒植物。中毒后可引起呼吸麻痹，药用注意微量。

（4）异燕麦

学名：*Helictochloa hookeri* (Scribn.) Romero Zarco

系统位置：禾本科 Poaceae　异燕麦属 *Helictochloa*

特征：秆少数丛生，无毛，通常具2节。叶鞘较粗糙，叶舌披针形；叶片两面粗糙。圆锥花序紧缩，淡褐色；分枝常孪生，粗糙，直立或稍斜升；小穗轴节间具柔毛；小穗具3～6小花（顶花退化）；颖披针形；外稃具9脉。花果期6—9月。

生境：生长于海拔160～3400米的山坡草原、林缘及高山较潮湿草地。

分布：产于东北、华北及青海、甘肃、新疆、四川、云南等地，俄罗斯、西伯利亚、蒙古、朝鲜等地也有分布。

（5）青稞

学名：*Hordeum vulgare* var. *coeleste* Linnaeus

系统位置：禾本科 Poaceae　大麦属 *Hordeum*

特征：一年生草本植物，三秆直立，光滑，具4～5节。叶鞘光滑，大都短于或基部者长于节间，两侧具两叶耳，互相抱茎；叶舌膜质；叶片微粗糙。穗状花序成熟后为黄褐色或紫褐色；颖线状披针形，被短毛，先端渐尖呈芒状；外稃先端延伸为长10～15厘米的芒，两侧具细刺毛。颖果成熟时易于脱出稃体。

生境：适宜生长在高原清凉气候。

分布：我国西北、西南各地常栽培。

价值：青稞是我国藏族聚集地群众的主要食粮、燃料和牲畜饲料，而且也是啤酒、医药和保健品生产的原料。

植物文化

藏族关于青稞种子的来历有一则神话：有一个聪明、勇敢、善良的阿初王子，为了让人们吃上粮食，历经千辛万苦，终于在山神的帮助下，从蛇王处盗得了青稞种子。可他不幸被蛇王发现，蛇王罚他变成一只狗，只有得到一个姑娘的爱情时，才能恢复人形。后来，化身为狗的阿初王子获得一个姑娘的爱情，恢复了人身。

（6）眼子菜

学名：*Potamogeton distinctus* A. Bennett

系统位置：眼子菜科 Potamogetonaceae　眼子菜属 *Potamogeton*

特征：多年生水生草本。根茎发达，白色，多分枝。茎圆柱形，通常不分枝。浮水叶革质，披针形、宽披针形至卵状披针形；叶脉多条，顶端连接；沉水叶披针形或狭披针形，草质，具柄；托叶膜质，鞘状抱茎。穗状花序顶生，花多轮；花序梗稍膨大；花小，花被片4，绿色；雌蕊2枚（稀为1或3枚）。果实宽倒卵形，背部明显3脊。花果期5—10月。

生境：生长于池塘、水田、水沟等静水中，水体多呈微酸性至中性。

分布：广布种，我国南北各地都有分布。

价值：用于治疗目赤红痛、痢疾、黄疸、水肿、血崩、痔血、小儿疳积、蛔虫病等；外用治痈疖肿毒。

（7）大花象牙参

学名：*Roscoea humeana* I. B. Balf. et W. W. Smith

系统位置：姜科 Zingiberaceae　象牙参属 *Roscoea*

特征：粗壮草本。根纺锤形，簇生。叶于花后发出，4～6片，覆瓦状排列，将茎全部包藏，宽披针形或卵状披针形，两面均无毛；无柄。穗状花序有花4～8朵；苞片披针形，花青紫色、白色、紫红色、粉红色、黄色；花萼窄管状，薄膜质；侧生退化雄蕊倒披针形，白色染紫；唇瓣呈现不规则四方形，边缘皱波状，2裂至近基部，基部具坚硬的瓣柄。蒴果长圆柱形。花期5—6月。

生境：生长于海拔3200米松林下、草地上。

分布：云南、四川。

价值：大花象牙参花大，数朵同时先叶开放，色彩多样，适合盆栽供观赏。根药用，有补肺定喘的功效。

双子叶合瓣花

（8）节毛飞廉

学名：*Carduus acanthoides* L.

系统位置：菊科 Asteraceae 飞廉属 *Carduus*

特征：二年生或多年生植物。茎单生，有条棱。基部及下部茎叶长椭圆形或长倒披针形。全部茎叶两面同色，绿色。茎翼齿裂，齿顶及齿缘有针刺。头状花序几无花序梗，3～5个集生或疏松排列于茎顶或枝端。总苞卵形或卵圆形。小花红紫色。瘦果长椭圆形，浅褐色。花果期5—10月。

生境：生长于海拔260～3500米的山坡、草地、林缘、灌丛中，或山谷、山沟、水边、田间。

分布：广布种，我国各地都有分布。

价值：全草入药，用于治疗感冒咳嗽、头痛眩晕、尿路感染、风湿痛、尿血、月经过多、功能失调性子宫出血、跌打损伤、痔疮肿痛、烧伤等。

（9）藏蓟

学名：*Cirsium arvense* var. *alpestre* auct. non al.: Ling

系统位置：菊科 Asteraceae　蓟属 *Cirsium*

特征：多年生草本。茎枝灰白色，被稠密的蛛丝状绒毛或变稀毛。下部茎叶长椭圆形、倒披针形或倒披针状长椭圆形。全部叶质地较厚，两面异色，上面绿色，无毛，下面灰白色，被密厚的绒毛，或两面灰白色，被绒毛。头状花序多数在茎枝顶端排成伞房状花序或少数作总状花序式排列。小花紫红色。瘦果楔状。花果期6—9月。

生境：生长于海拔500～4300米的山坡草地、潮湿地、湖滨地或村旁及路旁。

分布：西藏、青海、甘肃、新疆。

（10）弱小火绒草

学名： *Leontopodium pusillum* (Beauv.) Hand. - Mazz.

系统位置： 菊科 Asteraceae　火绒草属 *Leontopodium*

特征： 矮小多年生草本。根状茎分枝细长，丝状，有疏生的褐色短叶鞘，后叶鞘脱落；莲座状叶丛围有枯叶鞘，散生或疏散丛生。花茎极短，被白色密茸毛，全部有较密的叶。叶匙形或线状匙形，两面被白色或银白色密茸毛，常褶合。苞叶多数，密集。头状花序，3～7个密集，稀1个。小花异形或雌雄异株。瘦果无毛或稍有乳头状突起。花期7—8月。

生境： 生长于海拔3500～5000米的高山雪线附近的草滩地、盐湖岸和石砾地。

分布： 西藏南部、中部、东北部（江孜、打隆、班戈湖、珠穆朗玛峰等），青海北部（祁连），新疆南部。

价值： 在青海为草滩地的主要植物成分，羊极喜食。

（11）乳苣

学名：*Lactuca tatarica* (L.) C. A. Mey.

系统位置：菊科 Asteraceae　乳苣属 *Mulgedium*

特征：多年生草本。根垂直直伸。茎直立，有细条棱或条纹，上部有圆锥状花序分枝，全部茎枝光滑无毛。中下部茎叶长椭圆形、线状长椭圆形或线形，基部渐窄成短柄。全部叶质地稍厚，两面光滑无毛。头状花序约含20枚小花，多数，生于茎枝顶端，圆锥花序。舌状小花紫色或紫蓝色，管部有白色短柔毛。瘦果长圆状披针形，稍压扁，灰黑色。花果期6—9月。

生境：在我国生长于海拔1200～4300米的河滩、湖边、草甸、田边、固定沙丘或砾石地。

分布：分布于我国青海、西藏、新疆、河南、辽宁、内蒙古等地，欧洲和俄罗斯、哈萨克斯坦、乌兹别克斯坦、伊朗、印度西北部等亦广为分布。

（12）沙生风毛菊

学名： *Saussurea arenaria* Maxim.

系统位置： 菊科 Asteraceae　风毛菊属 *Saussurea*

特征： 多年生矮小草本。根状茎有分枝，颈部被棕色纤维状撕裂的叶柄残迹。茎极短，密被白色茸毛，或无茎。叶莲座状，长圆形或披针形，上面绿色，被蛛丝状毛及稠密腺点，下面灰白色，密被白色茸毛。头状花序单生于莲座状叶丛中。小花紫红色。瘦果圆柱状，无毛。花果期6—9月。

生境： 生长于海拔2800~4000米的山坡、山顶及草甸或沙地、干河床。

分布： 甘肃、青海、西藏。

价值： 用于治疗感冒发热、头痛、咽喉肿痛、疮疡痈肿、食物中毒等症，以及内热亢盛以致吐血、咳血、衄血，外伤导致的各种出血等症。

（13）甘肃风毛菊

学名：*Saussurea kansuensis* Hand. - Mazz.

系统位置：菊科 Asteraceae　风毛菊属 *Saussurea*

特征：多年生无茎莲座状草本。根状茎颈部被褐色残存的叶柄。叶莲座状，有叶柄，叶片全形宽线形，羽状全裂，侧裂片8～10对，偏斜卵形或偏斜椭圆形，全部裂片两面异色，上面暗绿色，被稀疏的短柔毛，下面灰白色，被稠密的白色茸毛。头状花序单生于莲座状叶丛中。总苞钟状，总苞片4层，无毛，外层披针形。小花深紫色。瘦果圆柱状，无毛，顶端有小冠。花果期8—10月。

生境：生长于海拔3600～3700米的草坡及沙坡。

分布：甘肃、西藏。

（14）星状雪兔子

学名：*Saussurea stella* Maxim.

系统位置：菊科 Asteraceae　风毛菊属 *Saussurea*

特征：无茎莲座状草本，全株光滑无毛。根倒圆锥状，深褐色。叶莲座状，星状排列，线状披针形，无柄，边缘全缘，两面同色，紫红色或近基部紫红色，或绿色，无毛。头状花序无小花梗，多数。总苞圆柱形，总苞片5层，覆瓦状排列；外层长圆形，顶端圆形；中层狭长圆形，顶端圆形；内层线形，顶端钝。小花紫色。瘦果圆柱状，顶端具膜质的冠状边缘。花果期7—9月。

生境：生长于海拔2000～5400米的高山草地、山坡灌丛草地、河边或沼泽草地、河滩地。

分布：青海、甘肃、四川、云南、西藏。

（15）藏波罗花

学名：*Incarvillea younghusbandii* Sprague

系统位置：紫葳科 Bignoniaceae　角蒿属 *Incarvillea*

特征：矮小宿根草本，无茎。根肉质，粗壮。叶基生，平铺于地上，为1回羽状复叶；顶端小叶卵圆形至圆形，侧生小叶2～5对，卵状椭圆形，粗糙，具泡状隆起，有钝齿，近无柄。花单生或3～6朵着生于叶腋中抽出缩短的总梗上。花萼钟状，无毛。花冠漏斗状，花冠筒橘黄色，花冠裂片开展，圆形。蒴果近于木质，具四棱，淡褐色，2瓣开裂。种子椭圆形，近黑色。花期5—8月，果期8—10月。

生境：生长于海拔3600～5800米的高山沙质草甸及山坡砾石垫状灌丛中。

分布：青海、西藏。

价值：根入药，性味温甘淡，滋补强壮，可治产后少乳、久病虚弱、头晕、贫血。

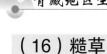

（16）糙草

学名：*Asperugo procumbens* L.

系统位置：紫草科 Boraginaceae
糙草属 *Asperugo*

特征：一年生蔓生草本。茎细弱，攀缘，中空，有5～6条纵棱，沿棱有短倒钩刺，通常有分枝。下部茎生叶具叶柄，叶片匙形，或狭长圆形，全缘或有明显的小齿，两面疏生短糙毛；中部以上茎生叶无柄，渐小并近于对生。花通常单生叶腋，具短花梗；花冠蓝色，檐部裂片宽卵形至卵形。小坚果狭卵形，灰褐色，表面具疣状突起，着生面圆形。花果期7—9月。

生境：生长于海拔2000米以上的山地草坡、村旁、田边等。

分布：我国主产于青海、新疆、山西、内蒙古、陕西北部、甘肃、四川西部至西藏东北部。亚洲西部、欧洲、非洲也有分布。

（17）微孔草

学名：*Microula sikkimensis* (Clarke) Hemsl.

系统位置：紫草科 Boraginaceae　微孔草属 *Microula*

特征：茎高6～65厘米，直立或渐升，自基部起有长或短的分枝，或不分枝，被刚毛，有时还混生稀疏糙伏毛。基生叶和茎下部叶具长柄，卵形、狭卵形至宽披针形。花序密集；花梗短，密被短糙伏毛；花萼长约2毫米，果期长达3.5毫米，5裂近基部，裂片线形或狭三角形，外面疏被短柔毛和长糙毛，边缘密被短柔毛，内面有短伏毛；花冠蓝色或蓝紫色。小坚果卵形，有小瘤状突起和短毛，背孔位于背面中上部，狭长圆形，着生面位于腹面中央。花期5—9月。

生境：生长于海拔3000～4500米的山坡草地、灌丛下、林边、河边多石草地。

分布：陕西西南部、甘肃、青海、四川西部、云南西北部、西藏东部和南部。

价值：传统藏药，全草可治疗眼疾、痘疹等。微孔草种子中含有18种氨基酸，其中人体所必需的氨基酸含量达39.74%；富含矿物质；微孔草中的粗蛋白含量达23.96%，药理试验已证实微孔草植物油可明显降低血清胆固醇、甘油三酯及丙二醛的含量，具有防止血脂沉积、动脉粥样硬化，维持生物膜和血管内膜结构完整等功能。

（18）白花枝子花

学名：*Dracocephalum heterophyllum* Benth.

系统位置：唇形科 Lamiaceae　青兰属 *Dracocephalum*

特征：茎四棱形或钝四棱形，密被倒向的小毛。叶片宽卵形至长卵形，下面疏被短柔毛或几无毛，边缘被短睫毛及浅圆齿。轮伞花序生于茎上部叶腋，具4～8花；花具短梗；苞片倒卵状匙形或倒披针形，疏被小毛及短睫毛，边缘每侧具3～8个小齿，齿具长刺。花萼浅绿色，外面疏被短柔毛。花冠白色，外面密被白色或淡黄色短柔毛，二唇近等长。雄蕊无毛。花期6—8月。

生境：生长于山地草原和半荒漠的多石干燥地区，青海、甘肃以东分布于海拔1100～2800米，以西则可达海拔5000米。

分布：青海、甘肃、西藏、四川西部、新疆（天山）等地。

价值：维药，全草入药，对慢性气管炎有明显的镇咳平喘作用。

（19）密花香薷

学名： *Elsholtzia densa* Benth.

系统位置： 唇形科 Lamiaceae　香薷属 *Elsholtzia*

特征： 草本，密生须根。茎直立，基部多分枝，被短柔毛。叶长圆状披针形至椭圆形，两面被短柔毛；叶柄背腹扁平，被短柔毛。穗状花序，密被紫色念珠状长柔毛；苞片卵圆形，被长柔毛；花萼钟形，密被念珠状长柔毛，萼齿近三角形，果萼近球形，齿反折；花冠淡紫色，密被紫色念珠状长柔毛，冠筒漏斗形。小坚果暗褐色，卵球形。花果期7—10月。

生境： 生长于海拔1800～4100米的林缘、高山草甸、林下、河边及山坡荒地。

分布： 我国主产于青海、四川、云南、西藏、新疆等地。巴基斯坦、尼泊尔、印度也有分布。

价值： 种子可榨油，为干性油，用于机器制造等；油饼可食用或做饲料。嫩叶可做饮料；此外，全株可提取芳香油；做鸡饲料添加剂，可防暑热，防抱窝。密花香薷含有多种药用成分，全草入药，可治疗夏季感冒、发热无汗、中暑、急性胃炎、小便不利等，藏医用全草治胃病、疮疖等，并能驱虫。

（20）独一味

学名：*Phlomoides rotata* (Benth. ex Hook. f.) Mathiesen.

系统位置：唇形科 Lamiaceae　糙苏属 *Phlomoides*

特征：草本。根茎伸长，粗厚。叶片常4枚，辐状两两相对，菱状圆形、菱形、扇形、横肾形以至三角形，边缘具圆齿，上面绿色，密被白色疏柔毛，具皱纹，下面颜色较淡，仅沿脉上疏被短柔毛；下部叶柄伸长，密被短柔毛。轮伞花序密集排列成有短葶的头状或短穗状花序，序轴密被短柔毛；苞片披针形、倒披针形或线形；小苞片针刺状；花萼管状。花期6—7月，果期8—9月。

生境：生长于海拔2700～4500米的高原或高山上强度风化的碎石滩中或石质高山草甸、河滩地。

分布：我国主产于西藏、青海、甘肃、四川西部及云南西北部，尼泊尔、印度、不丹也有分布。

价值：独一味是一种传统藏药，根或全草入药，有止血、抗炎、镇痛、提高免疫力等功效；临床上对治疗跌打损伤、风湿骨痛及黄水病等效果明显。

（21）甘西鼠尾草

学名：*Salvia przewalskii* Maxim.

系统位置：唇形科 Lamiaceae　鼠尾草属 *Salvia*

特征：多年生草本。茎自基部分枝，丛生。茎密被短柔毛。叶三角状戟形或长圆状披针形，稀心状卵形，具圆齿状牙齿。轮伞花序2～4花，疏散，组成总状花序；苞片卵形或椭圆形，全缘，两面被长柔毛；花梗与序轴密被疏柔毛。花萼钟形，外面密被具腺长柔毛，其间杂有红褐色腺点。花冠紫红色，外被疏柔毛。小坚果倒卵圆形，灰褐色，无毛。花期5—8月。

生境：生长于海拔2100～4050米的林缘、路旁、沟边、灌丛下。

分布：西藏、甘肃西部、四川西部、云南西北部。

价值：根入药，四川作为秦艽代用品，云南丽江作为丹参代用品。

（22）黏毛鼠尾草

学名：*Salvia roborowskii* Maxim.

系统位置：唇形科 Lamiaceae　鼠尾草属 *Salvia*

特征：一年生或二年生草本。茎多分枝，密被黏腺长硬毛。叶戟形或戟状三角形，具圆齿，两面被糙伏毛，下面被淡黄色腺点。轮伞花序具4～6花，组成总状花序；上部苞片披针形或卵形，被长柔毛、腺毛及淡黄色腺点，全缘或波状；花萼钟形，被长硬毛、腺短柔毛及淡黄色腺点，内被微硬毛；花冠黄色，被柔毛或近无毛。小坚果倒卵圆形，暗褐色，光滑。花期6—8月，果期9—10月。

生境：生长于海拔2500～3700米的山坡草地、沟边荫处。

分布：青海、西藏、甘肃西南部、四川西南部、云南西北部。

（23）多毛并头黄芩

学名： *Scutellaria scordifolia* var. *villosissima* C. Y. Wu & W. T. Wang

系统位置： 唇形科 Lamiaceae　黄芩属 *Scutellaria*

特征： 这一变种与原变种的不同处在于茎密被上曲的短柔毛，尤其在棱及茎上部为甚；叶两面密被紧贴的短柔毛；花萼及花冠密被短柔毛，有时混生腺毛。

生境： 生长于海拔1475～1900米的山地草坡或松林下。

分布： 青海东部、甘肃、陕西、山西、河南。

（24）肉果草

学名：*Lancea tibetica* Hook. f. et Thoms.

系统位置：玄参科 Scrophulariaceae　肉果草属 *Lancea*

特征：多年生矮小草本，除叶柄有毛外其余无毛。根状茎细，节上有1对鳞片。叶6～10片，近莲座状，近革质，倒卵形或匙形，先端常有小凸尖，基部渐窄成短柄，近全缘。花3～5朵，簇生或伸长成总状花序；花萼革质，长约1厘米，萼片钻状三角形；花冠深蓝色或紫色；果实卵状球形，红色或深紫色。种子多数，矩圆形，棕黄色。花期5—7月，果期7—9月。

生境：生长于海拔2000～4500米的草地、疏林中或沟谷旁。

分布：我国西藏、青海、甘肃、四川、云南等地，印度也有。

价值：藏药名为兰石草、哇亚巴，具有清肺化痰的功效。

（25）甘肃马先蒿

学名：*Pedicularis kansuensis* Maxim.

系统位置：玄参科 Scrophulariaceae　马先蒿属 *Pedicularis*

特征：一年或两年生草本。茎多条丛生，具4条毛线。基生叶柄较长，有密毛；茎叶4枚轮生；叶长圆形，羽状全裂，裂片约10对，披针形，羽状深裂，小裂片具锯齿。花轮生；下部苞片叶状，上部苞片亚掌状3裂；花萼近球形，膜质，前方不裂，萼齿5，不等大，三角形，有锯齿；花冠紫红色，冠筒近基部膝曲。蒴果斜卵形。花果期6—8月。

生境：多生长于海拔1825～4000米的草坡和石砾处。

分布：华北、四川西北部和东北西部。

价值：为我国特有。

（26）黄花补血草

学名：*Limonium aureum* (L.) Hill.

系统位置：白花丹科 Plumbaginaceae 补血草属 *Limonium*

特征：多年生草本，全株无毛。茎基往往被有残存的叶柄和红褐色芽鳞。叶基生，长圆状匙形至倒披针形。花序圆锥状，花序轴绿色，密被疣状突起；穗状花序位于上部分枝顶端，由3～5（7）个小穗组成；小穗含2～3朵花；外苞宽卵形。萼呈漏斗状，萼檐金黄或橙黄色；花冠橙黄色。花期6—8月，果期7—8月。

生境：生长于土质含盐的砾石滩、黄土坡和砂土地上。

分布：华北、四川西北部和东北西部。

价值：花萼和根入药。治月经不调等。

（27）唐古拉点地梅

学名：*Androsace tanggulashanensis* Y. C. Yang & R. F. Huang

系统位置：报春花科 Primulaceae　点地梅属 *Androsace*

特征：多年生草本。主根细长，褐色，具多数丝状支根。地上部分为半球形的垫状体；根出条具鳞覆的枯死莲座状叶丛，呈柱状，灰褐色。当年生叶丛绿色，叠生于老叶丛上，无间距；叶无毛或被稀疏柔毛；外层叶阔披针形至披针形，土褐色；内层叶长圆形至阔线形。花葶单一；苞片2枚，三角状披针形；花通常1朵，稀2朵；花萼陀螺状；花冠白色。花果期7—8月。

生境：生长于海拔4000～5000米的河漫滩、草地和山坡上。

分布：青海、西藏。

价值：民间草药。

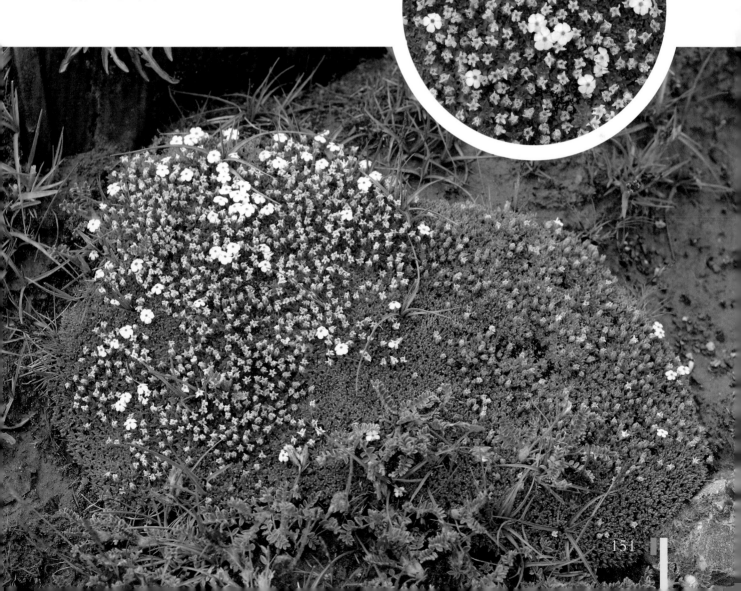

（28）宁夏枸杞

学名：*Lycium barbarum* Linn.

系统位置：茄科 Solanaceae　枸杞属 *Lycium*

特征：灌木。茎枝无毛，具棘刺。叶互生或簇生，披针形或长椭圆状披针形。花在长枝上，1～2朵生于叶腋，在短枝上2～6朵同叶簇生。花萼钟状，通常2中裂，裂片具小尖头或顶端2～3齿裂；花冠漏斗状，紫色，明显长于檐部裂片，裂片边缘无缘毛。浆果红色或橙色，广椭圆状、矩圆状、卵状或近球状。种子扁肾形，棕黄色。花期5—8月，果期8—11月。

生境：常生长于土层深厚的沟岸、山坡、田埂和住宅旁，耐盐碱、沙荒和干旱。

分布：原产于我国北部，青海、新疆、河北北部、内蒙古、山西北部、陕西北部、甘肃、宁夏有野生，现我国大多数地区已广泛引种栽培，尤其在宁夏及天津地区栽培多、产量高。

双子叶离瓣花

（29）灰绿藜

学名：*Oxybasis glauca* (L.) S. Fuentes, Uotila & Borsch

系统位置：苋科 Amaranthaceae　红叶藜属 *Oxybasis*

特征：一年生草本。茎平卧或外倾，具条棱及绿色或紫红色色条。叶片矩圆状卵形至披针形，边缘具缺刻状牙齿，上面无粉，平滑，下面有粉而呈灰白色，又稍带紫红色；中脉明显，黄绿色。胞果顶端露出于花被外，果皮膜质，黄白色。种子扁球形，横生、斜生及直立，暗褐色或红褐色，边缘钝，表面有细点纹。花果期5—10月。

生境：生于农田、菜园、村房、水边等有轻度盐碱的土壤中。

分布：我国除台湾、福建、江西、广东、广西、贵州、云南诸省区外，其他各地都有，广布于南北半球的温带地区。

（30）小藜

学名：*Chenopodium ficifolium* Smith

系统位置：藜科 Chenopodiaceae　藜属 *Chenopodium*

特征：一年生草本，被粉粒。茎直立，具条棱及绿色色条。叶片卵状矩圆形，常3浅裂；中裂片两边近平行，具深波状锯齿；中部以下具侧裂片，常各具2浅裂齿。花被近球形，5深裂，裂片宽卵形，背面具纵脊。胞果包在花被内，果皮与种子贴生。种子双凸镜状，黑色，有光泽，边缘微钝，具六角形细洼状纹饰；胚环形。花期4—5月。

生境：为普通田间杂草，多生于荒地、道旁、垃圾堆等处。

分布：我国除西藏未见标本外，各地都有分布。

（31）菊叶香藜

学名：*Dysphania schraderiana* (Roemer & Schultes) Mosyakin & Clemants

系统位置：苋科 Amaranthaceae 腺毛藜属 *Dysphania*

特征：一年生草本，有强烈气味，全体有具节的疏生短柔毛。茎直立，具绿色色条，通常有分枝。叶片矩圆形，羽状浅裂，先端钝或尖，有时具短尖头，基部渐窄。复二歧聚伞花序腋生。胞果扁球形，果皮膜质。种子横生，周边钝，红褐色或黑色，有光泽，具细网纹；胚半环形，围绕胚乳。花期7—9月，果期9—10月。

生境：生长于林缘草地、沟岸、河沿、居民点附近，有时也为农田杂草。

分布：我国主产于青海、四川、云南、西藏、辽宁、内蒙古、山西、陕西、甘肃。亚洲其他地区、欧洲及非洲也有分布。

（32）木碱蓬

学名：*Suaeda dendroides* (C. A. Mey.) Moq.

系统位置：苋科 Amaranthaceae　碱蓬属 *Suaeda*

特征：半灌木。茎直立，茎皮灰褐色至灰白色，多分枝。叶条形，略扁平，灰绿色。团伞花序通常含5～10朵花，着生于叶柄上；花两性，花被近球形，肉质，绿色，花被裂片矩圆形至卵形，边缘膜质，先端兜状，脉明显；雄蕊5；柱头2或3。种子横生或直立，表面无点纹，有光泽。花期6月。

生境：生长于石质山坡、荒漠等处。

分布：青海、新疆北部。

（33）杉叶藻

学名：*Hippuris vulgaris* Linn.

系统位置：杉叶藻科 Hippuridaceae　杉叶藻属 *Hippuris*

特征：多年生水生草本，全株光滑无毛。茎直立，多节，常带紫红色，上部不分枝，下部合轴分枝，有匍匐白色或棕色肉质根茎，节上生多数纤细棕色须根，生于泥中。叶条形，轮生，两型，无柄。沉于水中的根茎粗大，圆柱形，茎中具多孔隙贮气组织，白色或棕色，节上生多数须根；叶线状披针形，全缘，较弯曲细长，柔软脆弱，茎中部叶最长，向上或向下渐短；露出水面的根茎较沉于水中的根茎细小，节间亦短，表面平滑，茎中空隙少而小；叶条形或狭长圆形，无柄，全缘，与深水叶相比稍短而挺直，羽状脉不明显，先端有一半透明、易断离成二叉状扩大的短锐尖。花细小，两性，稀单性，无梗，单生叶腋；萼与子房大部分合生成卵状椭圆形，萼全缘，常带紫色；无花盘；雄蕊1，生于子房上略偏一侧；花丝细，常短于花柱，被疏毛或无毛，花药红色，椭圆形，"个"字着生，顶端常靠在花药背部两药室之间，两裂；子房下位，椭圆形，1室，内有1倒生胚珠，胚珠有一单层珠被，珠孔完全闭合，有珠柄，花柱宿存，针状，稍长于花丝，被疏毛，雌蕊先熟，主要为风媒传粉。果为小坚果状，卵状椭圆形，表面平滑无毛，外果皮薄，内果皮厚而硬，不开裂，内有1种子，外种皮具胚乳。花期4—9月，果期5—10月。

生境：多群生于海拔40～5000米的池沼、湖泊、溪流、江河两岸等浅水处，稻田等水湿处也有生长。

分布：东北、华北、西北、西南等地。

价值：鲜嫩多汁，适口性较好，是猪、牛、羊、兔、鱼、鸭、鹅等的优质青饲料，营养价值较高，粗蛋白质、维生素和矿物质含量较丰富，蛋白质的氨基酸组分齐全。

（34）多枝黄芪

学名：*Astragalus polycladus* Bur. et Franch.

系统位置：豆科 Leguminosae　黄芪属 *Astragalus*

特征：多年生草本。茎多数，纤细，丛生。奇数羽状复叶；托叶离生，披针形。总状花序生多数花，密集呈头状；总花梗腋生；苞片膜质，线形，下面被伏贴柔毛；花萼钟状，外面被白色或混有黑色短伏贴毛，萼齿线形；花冠红色或青紫色；子房线形，被白色或混有黑色短柔毛。荚果长圆形，微弯曲。花期7—8月，果期9月。

生境：生长于海拔2000～3300米间的山坡、路旁。

分布：四川、云南、西藏、青海、甘肃及新疆西部。

（35）苦马豆

学名：*Sphaerophysa salsula* (Pall.) DC.

系统位置：豆科 Leguminosae　苦马豆属 *Sphaerophysa*

特征：半灌木或多年生草本。茎直立或下部匍匐，被疏至密的灰白色丁字毛。羽状复叶有11～21片小叶；小叶倒卵形或倒卵状长圆形，上面几无毛，下面被白色丁字毛。总状花序常较叶长，生6～16朵花；苞片卵状披针形；花萼钟状，萼齿三角形，被白色柔毛；花冠初呈鲜红色，后变紫红色。荚果椭圆形至卵圆形，外面疏被白色柔毛；种子肾形至近半圆形。花期5—8月，果期6—9月。

生境：生长于海拔960～3180米的山坡、草原、荒地、沙滩、戈壁绿洲、沟渠旁及盐池周围，具有较强的耐旱性。

分布：吉林、辽宁、内蒙古、河北、山西、陕西、宁夏、甘肃、青海、新疆。

价值：可做绿肥及骆驼、山羊与绵羊的饲料。地上部分含球豆碱，入药可治疗产后出血、子宫松弛及用于降血压等，亦可代替麦角。

（36）小果白刺

学名：*Nitraria sibirica* Pall.

系统位置：蒺藜科 Zygophyllaceae　白刺属 *Nitraria*

特征：灌木。弯，多分枝，枝铺散，少直立。小枝灰白色，不孕枝先端刺针状。叶近无柄，在嫩枝上4～6片簇生，倒披针形，无毛或幼时被柔毛。聚伞花序，被疏柔毛；萼片5，绿色，花瓣黄绿色或近白色，矩圆形。果椭圆形或近球形，两端钝圆，熟时暗红色，果汁暗蓝色，带紫色，味甜而微咸；果核卵形，先端尖。花期5—6月，果期7—8月。

生境：生长于湖盆边缘沙地、盐渍化沙地、沿海盐化沙地。

分布：我国分布于各沙漠地区，华北及东北沿海沙区。蒙古、西伯利亚，以及中亚也有分布。

价值：对湖盆和绿洲边缘沙地有良好的固沙作用。果实入药，可健脾胃、助消化；枝、叶、果可做饲料。

（37）蒺藜

学名：*Tribulus terrestris* Linnaeus

系统位置：蒺藜科 Zygophyllaceae　蒺藜属 *Tribulus*

特征：一年生草本。茎平卧，偶数羽状复叶；小叶对生，3～8对，矩圆形或斜短圆形，先端锐尖或钝，基部稍偏科，被柔毛，全缘。花腋生，花梗短于叶，花黄色；萼片5，宿存；花瓣5；雄蕊10，生于花盘基部，基部有鳞片状腺体。果有分果瓣5，硬，中部边缘有锐刺2枚，下部常有小锐刺2枚，其余部位常有小瘤体。花期5—8月，果期6—9月。

生境：生长于沙地、荒地、山坡、居民点附近等。

分布：全国各地均有分布。

价值：青鲜时可做饲料。果入药能平肝明目，散风行血。果刺易黏附家畜毛间，有损皮毛质量。为草场有害植物。

（38）狭叶圆穗蓼

学名：*Bistorta macrophylla* var. *stenophylla* (Meisn.) Miyam.

系统位置：蓼科 Polygonaceae　拳参属 *Bistorta*

特征：本变种与原变种的区别在于叶线或线状披针形。

生境：生长于海拔2000～4800米的山坡草地、高山草甸。

分布：青海、西藏、云南西北部及四川。

价值：粗蛋白含量较一般优良的禾本科牧草高，适口性好，牛、马、绵羊、山羊均喜食，是能够抓膘催肥的优良牧草。

（39）两栖蓼

学名：*Persicaria amphibia* (L.) S. F. Gray

系统位置：蓼科 Polygonaceae　蓼属 *Persicaria*

特征：多年生草本。水生茎漂浮，全株无毛，节部生根；叶浮于水面，长圆形或椭圆形。陆生茎不分枝或基部分枝；叶披针形或长圆状披针形，两面被平伏硬毛，具缘毛。穗状花序；苞片漏斗状；花被5深裂，淡红或白色，花被片长椭圆形；雄蕊5；花柱2，较花被长。瘦果近球形，扁平，双凸，包于宿存花被内。

生境：生长于海拔50～3700米的湖泊边缘的浅水中、沟边及田边湿地。

分布：广布于我国东北、华北、西北、华东、华中和西南地区。

价值：适合露地栽种，能够较好地适应池塘边缘水位的变化，叶片外形也会随之改变，亦可盆栽供观赏，用于阳台布置。全草可入药，内服治疗痢疾，外用治疗疔疮。

（40）细叶西伯利亚蓼

学名：*Knorringia sibirica* subsp. *thomsonii* (Meisn. ex Steward) S. P. Hong

系统位置：蓼科 Polygonaceae　西伯利亚蓼属 *Knorringia*

特征：本变种与原变种的主要区别在于植株矮小；叶极狭窄，线形；花序较小。

生境：生长于海拔3200～5100米的盐湖边、河滩盐碱地。

分布：我国分布于西藏、贵州等地。巴基斯坦、克什米尔地区、阿富汗、帕米尔地区也有分布。

价值：为高山湿地常见种，对于改善盐碱地土质具有重要价值。嫩茎
可食用，贵州毕节地区人们习惯称其为野菠菜。全草或根茎可入
药，主治目赤肿痛，皮肤湿痒，便秘，水肿，腹水。

（41）甘青铁线莲

学名：*Clematis tangutica* (Maxim.) Korsh.

系统位置：毛茛科 Ranunculaceae　铁线莲属 *Clematis*

特征：落叶藤本。主根粗壮，木质。茎有明显的棱，幼时被长柔毛，后脱落。一回羽状复叶，有5～7片小叶；小叶片基部常浅裂或深裂，侧生裂片小，中裂片较大，卵状长圆形、狭长圆形或披针形。花单生，有时为单聚伞花序；花序梗粗壮，有柔毛；萼片4，黄色外面带紫色，斜上展，狭卵形、椭圆状长圆形；花丝下面稍扁平，被开展的柔毛，花药无毛；子房密生柔毛。瘦果倒卵形，有长柔毛，宿存花柱长达4厘米。花期6—9月，果期9—10月。

生境：生长于高原草地或路边灌丛。

分布：新疆、西藏、四川西部、青海、甘肃南部和东部、陕西。

价值：全株入药，可解毒化湿，主治食积不化、腹痛腹泻、湿疮等。

（42）中印铁线莲

学名：*Clematis tibetana* Kuntze

系统位置：毛茛科　Ranunculaceae
铁线莲属 *Clematis*

特征：木质藤本。枝被柔毛。一至二回羽状复叶，小叶有柄，宽卵状披针形，全缘或有数个牙齿，两面被贴伏柔毛。花大，单生，少数为聚伞花序，有3花；萼片4，黄或褐紫色，宽长卵形或长圆形，无毛或疏被柔毛；花丝狭条形，被短柔毛，花药无毛。瘦果狭长倒卵形。花期5—7月，果期7—10月。

生境：生长于海拔2210～4800米的小坡、山谷草地或灌丛中，或河滩、水沟边。

分布：西藏南部和东部、四川西南部。

（43）高原毛茛

学名：*Ranunculus tanguticus* (Maxim.) Ovcz.

系统位置：毛茛科 Ranunculaceae　毛茛属 *Ranunculus*

特征：多年生草本。茎直立或斜升，生白柔毛。基生叶5～10或更多，叶片圆肾形或倒卵形，3出复叶，小叶片2～3回3全裂或深、中裂，末回裂片披针形或线形，顶端稍尖，两面或下面贴生白柔毛；小叶柄短或近无。顶生花序2～3花；花托被柔毛；萼片5，窄椭圆形；花瓣5，倒卵形；雄蕊多数。花果期6—8月。

生境：生长于海拔3000～4500米的山坡或沟边沼泽湿地。

分布：西藏、云南西北部、四川西部、陕西、甘肃、青海、山西、河北。

价值：全草入药，有清热解毒之效，用于治疗淋巴结核等症。

（44）蕨麻

学名：*Argentina anserina* L.

系统位置：蔷薇科 Rosaceae　蕨麻属 *Argentina*

特征：多年生草本。茎匍匐，节处生根，被贴生或半开展疏柔毛或脱落几无毛。基生叶为间断羽状复叶，有6～11对小叶，叶柄被贴生或稍开展疏柔毛，小叶椭圆形、卵状披针形或长椭圆形，上面被疏柔毛或脱落近无毛，下面密被紧贴银白色绢毛。单花腋生；花梗疏被柔毛；萼片三角状卵形，副萼片椭圆形或椭圆状披针形，常2～3裂；花瓣黄色，倒卵形。花果期4—9月。

生境：生长于海拔500～4100米的河岸、路边、山坡草地及 草甸。

分布：黑龙江、吉林、辽宁、内蒙古、河北、山西、陕西、甘肃、宁夏、青海、新疆、四川、云南、西藏。

价值：甘肃、青海、西藏高寒地区的蕨麻根部膨大，含丰富淀粉，市称"蕨麻"或"人参果"，可治贫血和营养不良等，又可供制甜食及酿酒用。根含鞣料，可提制栲胶，并可入药，做收敛剂；茎叶可用来提取黄色染料。亦是蜜源植物和饲料植物。

（45）金露梅

学名：*Dasiphora fruticosa* (L.) Rydb.

系统位置：蔷薇科 Rosaceae　金露梅属 *Dasiphora*

特征：灌木，多分枝。小枝红褐色，幼时被长柔毛。羽状复叶，有5(3)小叶；叶柄被绢毛或疏柔毛；小叶片长圆形、倒卵状长圆形或卵状披针形，疏被绢毛或柔毛或脱落近于几毛；托叶薄膜质，外面被长柔毛或脱落。单花或数朵生于枝顶，花梗密被长柔毛或绢毛；萼片卵圆形，副萼片披针形至倒卵状披针形，外面疏被绢毛；花瓣黄色，宽倒卵形。瘦果近卵形，褐棕色，外被长柔毛。花果期6—9月。

生境：生长于海拔1000～4000米的山坡草地、砾石坡、灌丛及林缘。

分布：黑龙江、吉林、辽宁、内蒙古、河北、山西、陕西、甘肃、新疆、四川、云南、西藏。

价值：本种枝叶茂密，黄花鲜艳，适宜做庭园观赏灌木，做矮篱也很美观。叶与果含鞣质，可提制栲胶。嫩叶可代茶叶饮用。花、叶入药，有健脾、化湿、清暑、调经之效。在内蒙古山区为中等饲用植物，骆驼喜食。藏族群众广泛用作建筑材料，填充在屋檐下或门窗上下。

植物文化

拉萨市的市花。植物花语为珍惜眼前人，象征着灵感、幸福、美好。

（46）银露梅

学名：*Dasiphora glabra* (G. Lodd.) Soják

系统位置：蔷薇科 Rosaceae　金露梅属 *Dasiphora*

特征：灌木。小枝灰褐色或紫褐色，疏被柔毛。羽状复叶，有3～5片小叶，叶柄被疏柔毛；小叶椭圆形、倒卵状椭圆形或卵状椭圆形，两面疏被柔毛或近无毛；托叶外被疏柔毛或近无毛。单花或数朵顶生；花梗细长，疏被柔毛；萼片卵形，副萼片披针形、倒卵状披针形或卵形，比萼片短或近等长，外面被疏柔毛；花瓣白色，倒卵形。瘦果被毛。花果期6—11月。

生境：生长于海拔1400～4200米的山坡草地、河谷岩石缝中、灌丛及林中。

分布：在我国分布于内蒙古、河北、山西、陕西、甘肃、青海、安徽、湖北、四川、云南等省（自治区）。朝鲜、俄罗斯、蒙古也有分布。

价值：本种枝叶茂密，适宜做庭园观赏灌木，做矮篱也很美观。叶与果含鞣质，可提制栲胶。嫩叶可代茶叶饮用。花、叶入药，有健脾、化湿、清暑、调经之效。在内蒙古山区为中等饲用植物，骆驼喜食。藏族群众广泛用作建筑材料，填充在屋檐下或门窗上下。

植物文化

银露梅花洁白素雅，气味芳香，端庄妩媚，飘逸俊秀。盛花时节，众花怒放，如同雪花压树，冷艳绝伦，煞是好看，是巍巍大山上一道亮丽的风景。被游客誉为"祁连山的圣洁花"。

（47）马蹄黄

学名： *Spenceria ramalana* Trimen

系统位置： 蔷薇科 Rosaceae　马蹄黄属 *Spenceria*

　　特征： 多年生草本。根茎木质，茎直立，带红褐色，疏生白色长柔毛或绢状柔毛。基生叶为奇数羽状复叶；小叶片13～21片，对生，稀互生，宽椭圆形或倒卵状矩圆形；托叶卵形；茎生叶有少数小叶片或成单叶。总状花序顶生，有12～15朵花；苞片倒披针形；副萼片披针形，有4～5齿，外面除白色长柔毛外还有腺毛；萼片披针形；花瓣黄色，倒卵形。瘦果近球形，黄褐色。花期7—8月，果期9—10月。

　　生境： 生长于海拔3000～5000米的高山草原石灰岩山坡。

　　分布： 四川、云南、西藏。

　　价值： 根入药，可解毒消炎，收敛止血，止泻，止痢。

（48）五柱红砂

学名：*Reaumuria kaschgarica* Rupr.

系统位置：柽柳科 Tamaricaceae　红砂属 *Reaumuria*

特征：矮小半灌木，具多数曲拐的细枝，呈垫状。叶略扁，或略近圆柱形，常略弯，肉质。花单生小枝顶端，几无梗；苞片稀少，形同叶片；萼片5，卵状披针形；花瓣5，粉红色，椭圆形，内侧有两片长圆形的附属物。蒴果长圆状卵形，5瓣裂。种子细小，长圆状椭圆形，除凸起处外，全被褐色毛。花期7—8月。

生境：生长于盐土荒漠、草原、石质和砾质山坡、阶地和杂色的砂岩上。

分布：新疆、西藏北部、青海（柴达木盆地）、甘肃，自天山至昆仑山、阿尔金山向东到祁连山中段。

（49）狼毒

学名：*Stellera chamaejasme* L.

系统位置：瑞香科 Thymelaeaceae 狼毒属 *Stellera*

特征：多年生草本。根茎粗大，枝棕色，内面淡红色；茎丛生，不分枝，草质，圆柱形，有时带紫色，无毛，草质。叶散生，稀对生或近轮生，披针形或椭圆状披针形，先端渐尖或急尖，基部圆。头状花序顶生，花白色、黄色至带紫色；具绿色叶状总苞片。果实圆锥形，顶部有灰白色柔毛，为萼筒基部包被；种皮膜质，淡紫色。花期4—6月，果期7—9月。

生境：生长于海拔2600～4200米的干燥而向阳的高山草坡、草坪或河滩台地。

分布：在我国分布于北方及西南地区，俄罗斯西伯利亚也有分布。

价值：狼毒的毒性较大，可以杀虫；根入药，有祛痰、消积、止痛之功效，外敷可治疥癣。根还可用于提取工业用酒精，根与茎皮可造纸。

植物文化

高原上的牧人称这种植物为"有毒的树汁"。狼毒是一种具有强烈毒性的植物，在严重退化的大草原上，其生命力十分旺盛，对其他草本植物的生长造成了很大的危害。

参 考 文 献

[1] 郑作新. 中国动物志：鸟纲[M]. 北京：科学出版社, 1979.

[2] 中国科学院中国动物志编辑委员会. 中国动物志：兽纲·第8卷·食肉目[M]. 北京：科学出版社, 1987.

[3] 中国科学院中国植物志编辑委员会. 中国植物志（全卷）[M]. 北京：科学出版社, 1994.

[4] 吴征镒. 西藏植物志[M]. 北京：科学出版社, 1985.

[5] 张镱锂, 李炳元, 郑度. 论青藏高原范围与面积[J]. 地理研究, 2002, 21(1): 1-8.

[6] 张理华. 浅论西藏自然与人文景观旅游 [J]. 宿州师专学报, 2001, 16(2): 39-40,140.

[7] 谭镜明, 图登克珠. 西藏旅游业人力资源研究的文献综述[J]. 农业科技与信息, 2007(2): 60-62.

[8] 黄家双. 独驾西藏风景线[J]. 上海房地, 2015(7): 64.

[9] 沈祥禄. 青藏线,地球上最美的铁路之旅[J]. 风景名胜, 2006(8): 5.

[10] 刘宗香, 苏珍, 姚檀栋, 等. 青藏高原冰川资源及其分布特征[J]. 资源科学, 2000, 22(5): 49-52.

[11] 周大鸣. 青藏线沿线研究发凡——基于青海段的考察[J]. 青海民族研究, 2021, 32(1): 65-69.

[12] 彭贵康, 康宁, 李志强, 等. 青藏高原东坡一座世界上最滋润的城市——雅安市生态旅游气候资源研究[J]. 高原山地气象研究, 2010, 30(1): 12-20.

[13] 喇明清. 论青藏高原旅游开发与生态环境保护的协调发展[J]. 社会科学研究, 2013(6): 118-120.